すべての人に星空を

「病院がプラネタリウム」の風景

高橋真理子

新日本出版社

目次

章扉挿画：鈴木律子

プロローグ

「なぜこの活動をしようと思ったのですか」とよく問われる。「病院」と「プラネタリウム」が、すぐにはつながらないからだろう。この活動のきっかけとして、何か一つの明確な理由を問われると、実は困ってしまう。ただ、さまざまな出逢いや環境が、これを始めるために手を差し伸べ、背中を押してくれたのは確実だ。そして振り返れば、いったいいくつの手が、この活動をつくりあげてくれたのだろう。

子ども時代、中学、高校、大学、大学院……と申し訳ないほどに健康体ですごし、障害や病気とともに生きる知人も正直なところ、ほとんどいなかったように思う。けれども、大学と大学院の時代に、後輩や先輩が水や山、雪の事故で亡くなるという体験が重なった。その上、人生の師のような存在でもあった写真家の星野道夫《ほしのみちお》さんも突然亡くなってしまった。誰もが必ず経験する「死」という角度から、生きる意味や自分が向かうべき方向について考えた20代であったので、自らの仕事は、生きている実感につながっていたい、という思いは強かったのだろうと思う。

学生時代に読んでいた本をひも解くと、星野道夫はもちろん、灰谷健次郎《はいたにけんじろう》『太陽の子《てだのふあ》』、サン・テグジュペリ『人間の土地』、神谷美恵子《かみやみえこ》著作集、山崎章郎《やまざきふみお》『病院で死ぬということ』、千葉敦子《ちばあつこ》『「死への準備」日記』など、社会の中における（数として）マイナーな立場に追い込まれている人たちに対するまなざし、そして、常に死を意識して生きる姿勢などを、書物から大きく影響されていたことにも気づく。

漠然と「障害や病気で動けない人に、プラネタリウムを出前できるといいのではないか？」と思い始めたのは２００１年、もう20年前のことだ。当時は、山梨県立科学館の天文担当として、仕事をはじめてまだ数年だったし、「プラネタリウムで星を見上げることの意味」をまだまだ模索している最中だったと思う。

２００１年に、「星野道夫」をキーワードに知り合った友人である鳥海直美《とりうみなおみ》さん（現・四天王寺《してんのうじ》大学教授）は、福祉を専門とし、「福祉の世界には星野道夫の世界観や、星や宇宙という概念がきっと必要」という考えの持ち主だった。それがいったいどういうことなのか、当時はまだ自分の中で言語化できていなかったが、いつか「医療や福祉の世界と宇宙をつないでみたい」という気持ちが生まれると同時に、病気や障害を持つ人たちに移動プラネタリウムを見せることができたらよいのでは、ということも考え始めたのである。

２００３年から３年間、科学館の天文担当になった跡部浩一《あとべこういち》さん（現・星つむぎの村共同代表）とともに、市民の表現の場づくりとしての「星の語り部」というグループをつくり、そこに視覚障害者の仲間と活動する中で見えてきた、多様な人たちと宇宙を共有することの大切さ。さらに、山梨大学医学部附属病院の犬飼岳史《いぬかいたけし》先生との出逢い。貴重な原点はいくつもある。

「人はなぜ星を見上げるのか」。科学館における16年間の仕事を通した出逢いの中で獲得してきた「星を見上げることの意味」。これは前著に譲るが、どんな人にとっても星を見上げることは「生き死に」に関わること……というのが、一つのシンプルなメッセージである。そうであれば、本物の星空を見られない人たちにこそプラネタリウムは意味があるのではないだろうか？　2001年の時に漠然と思いはじめてから10年ほどたったころには、ずっと力を込めて言えるようになっていた。

科学館をやめて独立し、2014年1月から「病院がプラネタリウム」は始まった。2020年3月現在、これまで実施した日数は306日、一緒に星を見上げた人たちはおよそ2万5000人。その一人ひとりに、大事な人生があり、一人ひとりに深い哀しみや喜びがある。私たちはその一人ひとりの壮大な物語の、ほんの一コマにお邪魔して、一緒に星を見るに過ぎない。けれども時折、そのほんのひと時が、その人の物語に大きく影響していくことがある。そのことは、同時に、星を届ける私たちにも大きなエネルギーだったり、思索《しさく》だったり、感動だったりを与える。

大いなる星空の下では、私たちはみなとても小さな存在であり、共同体である。だからこそ、私たちは一人では生きられない。でも、同時に、一人ひとりが「自分を生きる」以外のことは決してできない。自分が自分であること、自分と星というそれぞれの小さな光同士を結ぶ線こそが、「自分を生きる」指針にさえなるのかもしれない。そんなことを、この活動を通して出会ってきたみなさんが教えてくれたように思う。

「一緒に星を見る」ということが、いかに、自分を生き、ともに生き、社会に生き、そして宇宙内存在として生きることになるのか。私たちが出逢ってきた物語をお伝えしたいと思う。

1　一緒に見上げる星空

病院がプラネタリウムの日常的な風景

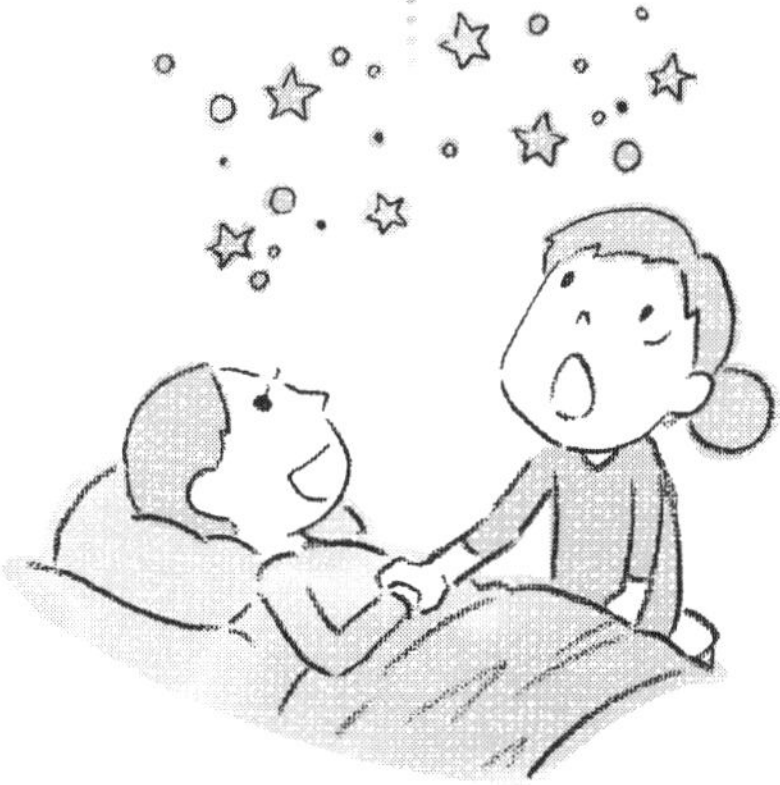

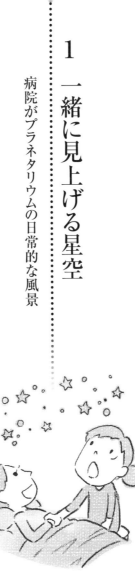

★子どもたちの反応

山梨大学附属病院の小児科と院内学級は、2014年に「病院がプラネタリウム」が始まってから、毎年お邪魔している場所だ（次章参照）。毎年同じような時期に行くと、去年も顔を見たな、という子に出会うこともある。病棟のプレイルームなどでプラネタリウムの準備をしている間、部屋の前を何度も行ったり来たりしていたTくんもその一人。

気になってしょうがないけれど、ドームに入るのは怖い。毎年お世話になっている院内学級の砂澤《いさざわ》敦子《あつこ》先生に抱っこされて大騒ぎしながらドームに入る。1年目のときには、結局ドームでは見られず、天井投影を見るにとどまった。けれども、1年たったとき、彼は最初から最後まで、ドームの中でプラネタリウムを楽しむことができた。見終わったあとの、彼の満足気な顔は、とてもきらきらしていた。

また、小学5年生のSちゃんは、無菌アイソレーターから出ることができず、病室の天井投影を体験した。最初は緊張した面持ちだったのが、満天の星空になったときに、パアッと明るい顔になり、地上を飛び出して地球が見えてきたときに、「ここに住んでいるんだね！」と。

Sちゃんが見たのと同じ日、別の部屋では5歳のKくんが手術を待つところだった。それまで決まっていたプラネタリウムの順番だと、Kくんは手術がはじまって見られないかもしれない、とご両親も一緒に落ち込みムードだった。それを察知した跡部さんが、即座にプラネタリウムの順番を入れ替えるよう提案。急いで部屋の窓を遮光し、投影を始める。Kくんの表情がどんどん明るくなる。ちょうどKくんの誕生日星座のさそり座が頭上に！というところで、手術の呼び出し。最後まで見ることができなかったが、Kくんは、一人でスタスタと手術室に歩いて行き、その直前の手術への不安でお母さんべったりな状態からの変貌《へんぼう》ぶりに、ご両親もびっくりしていた。

大阪の病院で出会った、ずっとプラネタリウムを楽しみにしてきた中学1年生の女の子。朝、調子が悪くなってしまいプラネタリウムにこられそうもないという。常に子どもたちに寄り添い、よりよい治療環境になるようにがんばっておられるCLS（チャイルドライフスペシャリスト）さんが、彼女の大好きな曲をリクエストしてくれた。当日の最後の投影になって、その子がお母さんとやってきた。プラネタリウムの中で、必死にスマホでプラネタリウムの様子を撮影していた彼女。終わりごろになって、どうやらその動画の保存がうまくいかなかったのか、慌《あわ》てた様子。他の年下の子たちもいたので、全部終わったあと、彼女とお母さんとCLSさん3人だけに短い特別投影をした。大好きな曲と一緒に、宇宙の果てから地球にもどるシーン。お母さんもＣＬＳさんも彼女の輝く表情を見て涙なみだ。そして、当の本人は、「めっちゃ元気でた！」と。朝の様子からは想像もできないほどの表情に、担当していた看護師さんもびっくりされたそうだ。

また別の病院にて。思春期の男の子がお母さんと一緒にいるのをいやがっているのか、その前に何かあったのか、お母さんもイライラしているのか、ピリピリした空気をもってプレイルームに入ってきた親子。ごろりと寝転がり、天井が満天の星空になったあたりから、空気は変わってゆく。投影が終わったころには、お母さんは息子に寄り添い、その子の表情も晴れ上がっていた。一人ひとりの気持ちの変化はもちろん、人と人の関係性にも、星空は何か変化をもたらしてくれるように思う。

ある支援学校での中学生のＲくんも印象深い。自閉症傾向を持つＲくんは、通常は、自分の感情表現が怒りの形で出てしまうことが多かったようだ。暗闇を怖がるということもあり、プラネタリウムが終わったあと、しきりに目をこすっている彼をみて、先生は「怖かったんだね、ごめんね」と思ったという。ところが、彼は、宇宙から地球に帰ってくるシーンで、ボロボロと涙を流していたのだ。そして、終わったあとに一言「感動しました」と。彼の口からでたその言葉に、学校中の先生たちは驚きを隠せなかった。なかなか表面に出てくるとは限らない、一人ひとりの内面の輝き。星や宇宙はふとしたときに、そ

ドーム内でせまってくる火星を「よいしょ！」と投げあげる。

の内面の輝きを引き出してくれることがある。

★非言語コミュニケーションで

一方、言葉のコミュニケーションの難しい子どもたちでも、満天の星になる瞬間、地球を飛び出すとき、火星がせまってくるとき……そのときどきで、目を輝かせ、表情がとても明るくなったり、足をばたつかせたり、さまざまな表現をしてくれる。

「病院がプラネタリウム」を始めて間もないころに出会った高校生ぐらいの男の子のことは、ずっと忘れることができない。投影前、私が顔を近づけてこんにちは、とあいさつしたときは、まったく無反応で、聞こえないのかなと思ったほどだった。ところが投影が進み、満天の星になったとき、まず目がかっと見開く。地球を出て惑星に行くとき、そして、宇宙の果てのようなところから地球に帰ってくるとき、瞳は爛々《らんらん》とし、顔がどんどん輝いていく。彼は一言もしゃべらない。声さえも出さない。けれども、大きな地球を見たときに、「地球だ」と言う彼の声が聞こえたように思ったほど、彼の表情は素晴らしかった。それをみて、隣にいたお母さんは号泣していた。あんな顔を見ることはめったにない、と。

重症心身障害棟などで働く療育保育士さんは、プラネタリウムを体験したとき、一人ひとりにどんな変化があるかをとてもよく見ておられる。ある病院でのこと。比較的高齢な女性に対し、何をすることが、その方が喜ぶものになるのか、なかなか方法が見つからないでいた、という。けれども、「プラネタリウムを見てはじめて眉間のしわが伸びたんです」と。同じ病棟では、重い障害と視覚障害を持つ女の子がいた。その子は、他の人に触られるとひどく緊張状態になってしまうという。実は、私は目が見えないということだけを聞いていたので、ドーム内で彼女の手をとって、星の場所を指し示すということをやっていた。あとになって、「知らない人が触っているのにあんなにリラックスしていてびっくりした」という話を聞いた。

保育士さんがそばにいて、彼らのわずかな反応や変化を引き出してくれる。その姿勢を見ていて、よく思い浮かぶ言葉は、「尊厳」だ。一人ひとりの生の尊厳を守り、楽しい活動を考え、豊かな人生にするお手伝い。そんな仕事があることさえ、私はこの活動を始めるまで知らなかった。重い障害を持つ人たちの多くは、ストレッチャーやバギーに乗って、天井を見上げるような姿勢をしている。立ったり座ったりしている姿勢で受け取る視覚情報は、彼らのところには入りにくい。その点において、彼らが常に見上げている天井に星空や宇宙が映し出されることが、大きな刺激になって彼らの表現を増やすきっかけになるということも、活動を始めた当初は想像できなかったことだった。

★病院がプラネタリウムになる

「病院がプラネタリウム」は、主に、長期入院をしている子どもたちや難病児者と、その家族のもとへ出向き、星を届ける活動である。「病院」のみならず、難病の子どもたちを支える施設やデイサービス、当事者の会、特別支援学校などにも出向いている。

こども病院や小児病棟で、半年や数年という長い期間「暮らす」子どもたちや家族。その家族と一緒の時間を過ごすことが難しいきょうだいさん※1。重症心身障害者棟に「暮らし」ている利用者さん。難病を抱えながら在宅療養中の方々。

こういった存在は社会の中であまり知られていないのが実情だ。なぜならば、彼らの生活が、その施設や自宅の中でおさまってしまいがちだからである。彼らの多くは、外出することが難しい。一生のうちで、星空を見たことがない子どもも大人もいる。

4ｍドームの外観。チャックをあけて中に入る。

だからこそ、私たちは、普段できない体験としての星空を届ける。星空と宇宙を体験するのにもっとも臨場感があるのは、エアドームという空気を入れて膨《ふく》らませるドームだ。現在は、直径4ｍと7ｍの二つのドームを使っている。それぞれ、20名（4ｍ）と50名（7ｍ）が定員だ。車いすやストレッチャーなどでも入ることができて、5名＋つきそいの人（4ｍ）と15名＋つきそい（7ｍ）が一緒に入れる。もっと大勢で一度に見たい、あるいは、そもそも部屋にドームが入らない、という場合には、部屋を暗くして「天井投影」を行う。エアコンや照明器具があっても、白い天井であればおおよそ星空は十分きれいに見える。

　プラネタリウムは必ず、ライブで行う。つまり、見ている人たちに直接語りかける。星空や奥深い宇宙を見せてくれるのは、UNIVIEW※2というスペース

天井投影の様子。ストレッチャーやバギーを使う人たちに、ちょうどよい。

エンジン。その場で操作しながら話をするので、そこで見ている人たちの反応を見ながら内容を変えたり、音楽を変えたりすることも自由自在だ。

その日その場所から見える星空、街の明かりを消したときに見える満天の星空、そして星座たち。誕生日の星座である黄道12星座は、その日に見えるものだけでなく、12個すべて見せる。見ている子どもたちの誕生日の星座を一つひとつ確認するためだ。

そして、地上から見上げる星空のみならず、その奥に広がる宇宙にでかける。宇宙から自分たちのいる地球を眺《なが》め、惑星を訪ね、太陽系を俯瞰《ふかん》し、さらに、銀河系、銀河団、宇宙の大規模構造と広大なる宇宙へ。最後は地球に帰って、自分のいる場所から再び星空を眺める。

★広大な宇宙の一部としての人間

投影でもっとも伝えたいことの一つは、私たちがいかに大いなる自然の中の小さく愛《いと》おしい存在であるか、ということ。広大な宇宙の中の、小さな地球の上にへばりついて生きる私たち。そのいのちの重みに差異はなく、誰もが生かされている平等な存在であることを宇宙は教える。

さらに、私たちはみな星のかけらだということ。私たちの体の材料である炭素や酸素などの元素はすべて星の内部でおこる核融合反応によって生みだされ、さらに重い元素は星の死である超新星爆発によってつくられている。原子を構成する陽子や素粒子をつきつめていけば、ほぼ宇宙がはじまった138億年前まで、私たちのいのちのもとはつながっている、といっても過言ではない。

そんな科学が教える138億年の物語と、人々が長い間漠然と持ってきたであろう「星を見上げるときの祈るような感覚」は、どこかでつながっているように思う。それは、人種や思想の違いを超えて、人々の共通の「よりどころ」になるのではないだろうかと感じている。つまり、生まれることも死にゆくことも宇宙の大きなサイクルの中の一つであると捉えることは、どんな姿で生まれてこようとそれも自然の一つであること、死に対する過剰な恐怖感を持たずにすむことにつながるのではないか。

実際のプラネタリウムの投影は、もっと平易な言葉で、楽しく行っている。宇宙映像の迫力と、音楽と語り。これがすべて融合してはじめてプラネタリウムショーは成立する。すべてライブなので、見る相手によって言葉も中身もいろいろ変化をする。けれども、広い宇宙を旅して、最後は必ず地球に帰り、ともに星を見上げる――その時間は私たちのプラネタリウムには必須だ。大人も子どもも、大抵の場合、宇宙から地球に帰るときに、息をのむような表情になる。赤ちゃんもじーっと見入っていることが多い。

★あらゆる立場の人と

子どもたちがプラネタリウムを体験するとき、多くの場合は親御さんが一緒にいる。言葉で感想をいただけるのは、多くの場合親御さんからである。７ｍドームでのプラネタリウムを体験した、医療的ケア児の母親の感想を紹介したい。

「24時間看護をして10年。睡眠時間が1、2時間という状態が続いたときは、一生懸命娘の命を守りつつ、もうだれか私を殺してくれないかなー（つかれすぎて自分で……とは思わなかった）限界！　と毎日思いましたが、今日のこの素晴らしいものをあの時見ていたら、夜は死との瀬戸際のいやな時間ではなく、宇宙の中の美しい星空のもとにいる……ずいぶん違った時間になったのではと思います。暗い病院で一人吸引しつづけた日々が、この宇宙の中のひとかけらだったんだな、と、とても感動しました。人生で一番、感動的なプラネタリウムでした。映像だけでなく、一言一言、とても心に染み入りました。こんなヒーリングスペースが院内にあれば、夜間つきそいで心身疲れ切ったお母さんも、大きな視野で今を見られると思いました！　何より娘が、すごかった、たのしかった、と手話で嬉《うれ》しそうにいってくれました。娘に感動をありがとうございました」

もう一つ、小児病棟でお子さんと一緒にご覧になったお母さんの感想である。

「私はよく一人で星を見上げます。でもいつも悲しくなります。でも今日みんなで見た星は全く違いました。一人ひとり生きるために頑張っている子どもたち、一緒に頑張っている親、そしていつも支えていただいている看護師さんたちと見た広い広い世界の星は、一生忘れることはないと思います。ひろーい世界　どんなことがあっても頑張れる！　たいしたことない！　同じく頑張っている人たちと見たからこそ、感動があったんだと思います。子どもたちはもっともっと感動していたと思います。みんなで見るからこそ、とても大切な素敵な時間でした」

こんな言葉をいただくことで、おのずと、「一緒に星を見た経験が、きっと心の支えになる」というキャッチコピーができた。一緒に星を見るのは、子どもたちや家族、きょう

7ｍドームの中で、地球に帰るシーンに見入る。

だいのみならず、医療・福祉スタッフなど、彼らに関わるさまざまな立場の人たちだ。星の下にあっては、みんながフラットになり、一人ひとりの存在はとても小さく、互いの距離はとても近い。どんなところにいても、天井の向こう側に星は輝いている。誰の上にも必ず……。だからこそ、「一緒に」と力を込めて言えるのだ。

※1　「きょうだい・きょうだい児・きょうだいさん」は、病気や障害を持つ子どもの兄弟姉妹を示す言葉。彼らにも、支援が必要。

※2　株式会社オリハルコンテクノロジーズが海外企業とともに開発した、宇宙を描くソフトウェア。

2 「病院がプラネタリウム」が生まれるまで

★病室の天井に星があれば

プロローグに書いたように、「この活動のきっかけは何だったのですか?」とよく聞かれる。一言で言えば、きっかけも実践も、ひたすら人との出逢いによっている。その経緯を少し詳しく話したい。

山梨県立科学館のプラネタリウム番組として制作した「オーロラストーリー」をきっかけに出逢った、ソーシャルワーカーで大学教員をしている鳥海直美《とりうみなおみ》さんは、病気や障害があっても地域社会で「共に生きる」実践をしてきた人である。彼女からは2001年のころから「ケア」のために自然やアートが必要なこと、「ケアする人のケア」という概念があることなどを学ばせてもらっていた。それのみならず、素晴らしい感性と表現力を持ち、人と向き合う福祉の現場にいながら、常に宇宙や大きな自然という視点を持っていた彼女から得たものは、はかりしれず大きい。プラネタリウムは、生きる実感を得るための何かができると思わせてもらった最初の一歩である。

2004年、科学館のプラネタリウムで行った「プラネタリウム・ワークショップ」をきっかけに「星の語り部」というグループが誕生し、プラネタリウムを使って、一市民であるメンバーたちが、思い思いの「作品」を上映するという試みを行った。人は表現してそれを誰かに受けてもらってこそ生きるのだ、ということを教えてもらった機会だった。そのとき、参加していた高尾徹《たかおとおる》さんは、ウィルシステムデザインという個人事業を立ち上げたころで、プラネタリウムを自作して出張することをいち早くスタートしていた人だ。実はこの年、私は第2子を出産、育休をとっていたときだったが、館に行っては「星の語り部」の（自由な）仕事をさせてもらい、時折、高尾さんの出張プラネタリウムにも子連れで同行させてもらっていた。不登校の子どもたちのいるところや支援学校にも行かせてもらった。支援学校で、「子どもたちは暗闇の中での小さな光によく反応してくれるんです」と先生がおっしゃっていたことを覚えている。

仕事復帰して半年ほどたったとき、娘が肺炎で入院をしたことがある。病院のベッドで添い寝しながら、殺風景で白い天井や壁を見ながらの夜は、とても長かった。息子もまだ小さく、主人は海外出張中という状態で、そのとき、このようなことが何年も続く子どもや親がいるということに思い至れるほどの余裕はまったくなかったように思う。けれども、あの殺風景さには、心が痛んだ。

あるとき、「星の語り部」のメンバーの一人が、「目の見えない人にだってプラネタリウムを楽しんでほしいよね」とつぶやいたことがあった。そして「見えない人たち」が、私たちの仲間になってくれた。ホンモノの星空を見られない人たちにも、いや、見られないからこそ、星空の存在、その奥に広がる宇宙の深さをともに感じたり、知ったりするプラネタリウムはとても意味があるのだ、と教えられた。

★ユニバーサルデザインを考える中で

見えない人たちや聞こえない人たちも一緒に楽しめるプラネタリウムの取り組みをする中で、ユニバーサルデザイン天文教育をテーマにした研究会を山梨県立科学館で行うことになった。そのときにお会いできたのが、山梨大学附属病院小児科の犬飼岳史《いぬかいたけし》先生だった。病院にいる子どもたちにプラネタリウムを見せたい、という話に、すぐ先生がのってくれたのは、先生が昔は天文少年で、星や宇宙が大好きだったということ、そして、長く入院している子どもたちに、少しでも楽しくわくわくすることを提供したいと思っておられたということがある。

お会いして間もなく、科学館の職員として、というよりは、「星の語り部」というボランティアとして、院内学級にお邪魔をすることになった。

2007年当時、当然のことながら、外に持ち出せるような機材を持っていたわけでもなく、手元にあったのは、家庭用プラネタリウムだけであった。それでも、天井からつる

はじめて院内学級でプラネタリウムを行った。（2007年８月）

すような傘ドームに映すと、それなりな臨場感がある。その小さなプラネタリウムで、何を語れたのか、恥ずかしながらまったく覚えていない（あまり、思うようにいかなかったということだけは覚えている）。

ただ、犬飼先生が、「プラネタリウムを見た翌日に子どもたちが久々のよい表情で『星を見たよ』と語ってくれた」と教えてくれた。重い病気との闘いを強《し》いられる子どもたちとのはじめての出逢い。当時はまだ、今のような仕事をメインでするようになるとは、想像もできなかった。

２０１０年には、在宅ホスピス医の内藤《ないとう》いづみ先生と、「宙《そら》をみていのちを想う」というイベントを開催する機会を得た。２００１年に、いつか「宇宙と福祉や医療をつなげられないか」と漠然と思っていたことが実現できたのだ、という思いでこのイベントを迎えた。そのご縁はさらに、タレントの永六《えいろく》輔《すけ》さんにつながる。地元の山梨放送のテレビ番組を介して、永さんと内藤先生がプラネタリウムに登場、宇宙といのちのつながりの話をさせてもらった最後に、会場全体で「見上げてごらん夜の星を」を歌うイベントとなった。永さんはこのときすでに体調が思わしくないころだったが、その日はとてもはりきっていて、はじめて声を出してこの歌を歌った、と自《みずか》ら語ってくださった。

この年は、科学館のプラネタリウムの機械をリニューアルした年でもあり、UNIVIEWというスペースエンジンを導入したタイミングだった。宇宙のどこまでも自由自在に旅ができるプラネタリウム。宇宙に広がる無数の星は、私たちのいのちの源。だから私たちは同じ誕生日をもって、138億年の旅の末に、今ここにいる……というストーリーも、このスペースエンジンがあるからこそ語れるものになった。

★出逢いを糧《かて》にして

2013年春、私は科学館の正規職員を辞して独立。「星空工房アルリシャ」という名前で個人事業を立ち上げた。そのときにも多くの手を差し伸べてもらった。その一つは、「タケダ・ウェルビーイング・プログラム」という、長期療養をしている子どもたちへの活動を行う団体を支援する助成プログラムである。このプログラムを担う市民社会創造フアンドの神山邦子《かみやまくにこ》さんが、直接声をかけてくださったのである。これも、「星の語り部」からのつながりのおかげだ。犬飼先生のところで何度か体験させていただいたようなことを、独立してやっていきたい、と思ってはいたものの、自身の事業の見通しも立たないまま病院などへ行っていると、自分のやっていることがすべてボランティアと思われてしまうのではないか、という根拠のない不安があった。神山さんの丁寧な導きは、そんな不安を払拭し、「病院がプラネタリウム」という名前でのプロジェクトを始動させてくれたのである。

2014年1月に訪ねた長野県立こども病院からはじまり、その年は15件の病院でのプラネタリウムを行った。間違いなく、これはライフワークだ、と思える1年であった。この活動を始めてまもないころ、手作りのちらしが、国立甲府病院の療育保育士をされていた片桐有佳《かたぎりゆか》さんの手にわたり、即座に電話がきた。「すぐにでも来てほしい」と。重症心身障害者棟と呼ばれる病棟に入らせてもらったはじめての経験であった。それから、今にいたるまで甲府病院は延べ30回を超える訪問数になっている「お得意さん」だ。その後、多くの国立病院機構で機会をいただいているのも、ここで片桐さんに呼んでいただき、ストレッチャーや車いすにのり、言葉を超えるコミュニケーションが必要な方たちに、プラネタリウムは何ができるんだろうか、とさまざま考えさせてもらった経験のおかげである。

「難病の子ども支援全国ネットワーク」の小林信秋《こばやしのぶあき》さんを紹介してもらったのもその年である。難病の子どもたちとその家族が全国のあちこちに集まって夏のキャンプを行う「がんばれ共和国」を、30年近くけん引してこられた方だ。小林さんや多くの仲間が、「あおぞら共和国」という、難病の子どもとその家族が気兼ねなく過ごすことのできる場を建設しつつあったころである。「あおぞら共和国」が、「星つむぎの村」の事務所のある山梨県北杜《ほくと》市に建てられていたことも、深い縁《えにし》を感じる。「がんばれ共和国」は、日本の新生児医療を世界でトップに引きあげてこられた仁志田博司《にしだひろし》先生や堺武男《さかいたけお》先生と出会う場でもあり、そのような「権威ある」方たちが、どこまでも優しい子どもたちへのまなざしと生命倫理をもって難病の子どもたちとその家族に寄り添ってきた道のりに、どれだけの励ましをもらったかわからない。

★星つむぎの村として

２０１３年からの３年間は、私はまだ山梨県立科学館に非常勤の立場でいたが、２０１６年３月末に完全に科学館を退職。同時に、科学館をベースにしていたボランティア団体の「星の語り部」と、「星つむぎの歌」プロジェクトに関わっていたメンバーとつくった旧「星つむぎの村」を合体させ、あらためて「星つむぎの村」を結成した。「病院がプラ

愛知県大府市で開催された「みんなでプラネタリウム」の仲間たち。前列右から跡部浩一、髙橋真理子、あいプラネットの野田祥代。

ネタリウム」は、はじめから、仲間なしにはできない活動だったし、仲間とともにやるから、見えてくる課題や価値がさまざまにあることも実感してきた。

2017年に星つむぎの村を法人化、「病院がプラネタリウム」の訪問数は、最初の2014年の15件から、25、42、52、80、90と年々増えていった。2018年からは、「あいプラネット」の野田祥代《のださちよ》さんが協力パートナーとして、投影の一部を担っている。彼女は、天文学の研究者であったが、伝えるという仕事を目指して独立した、心強い同志である。

星つむぎの村の「村人」と呼ばれる仲間たちは、今や全国に150名ほど。星つむぎの村の活動は、「病院がプラネタリウム」に限っていないので、全員が関わっているわけではないが、全国あちこちに出張するとき、いつも誰かがともに活動してくれることのありがたさと喜びをかみしめる。「星で人をつなぐ」というキーワードに集《つど》った仲間だからこそ、同じ星空の下で今、ともに生きる愛《いと》おしさを共有できるのだろう。

出逢いは人生の糧であり、仕事のすべて。そう言い切れることが、「病院がプラネタリウム」では日々起きている。

3　高度医療の現場に自然を

NICUにて

★クリーンルームのガラス越しに

小児科をお訪ねするときには、多くがプレイルームや院内学級での投影になる。病棟から離れた会議室や講堂で行うこともある。そうなると、感染の問題で病室を出て会場まで来られない子どもたちもいる。そんな子どもたちにこそ、見せてあげたいと頑張ってくれる病院スタッフがいらっしゃる。

「病院がプラネタリウム」を始めて2年たったころに訪ねた大学病院で、こんなところでもできるでしょうか、と相談を受けた。超クリーンルームにいる小学5年生の男の子。その部屋には、医療従事者とお母さんしか入れない。その子がいるベッドの脇がガラス張りになって、その外側が少し広めの廊下で、さらにその外側に窓がある。廊下側にある柱のようなでっぱりにプロジェクターで映像を映し、彼はガラス越しにそれを見る。私も彼も受話器をもって、ガラス窓のあちらとこちらで話をする。だから、顔を見ることもできる。彼は、私が何かを言う一つひとつに、全部リアクションしてくれた。まっすぐな瞳で、ずっと集中して……気づくと40分も経過していた。

その後、個室をまわったり、NICU（新生児集中治療室）に行ったりする機会が増え

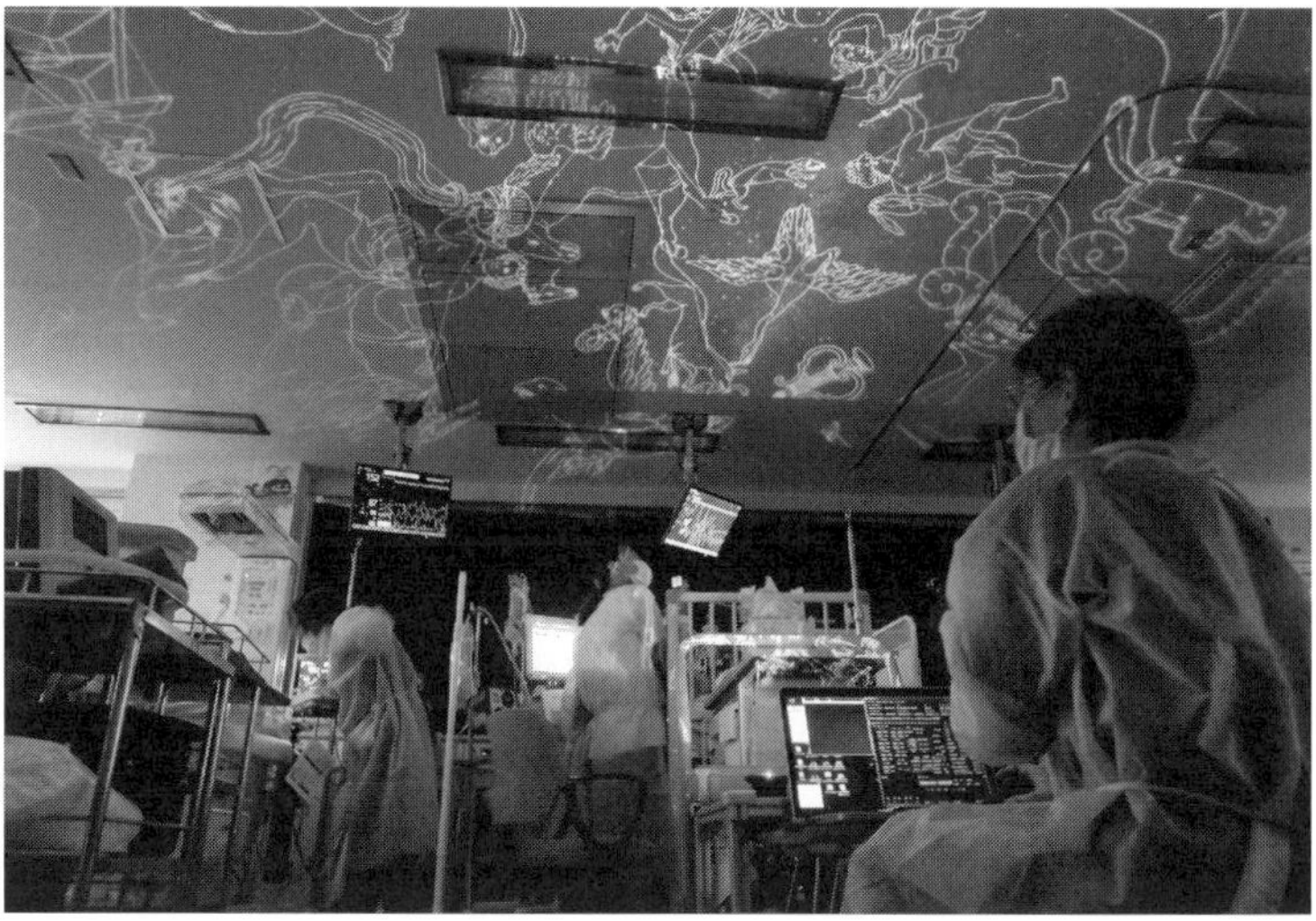

NICU（新生児集中治療室）での天井投影。緊張感の中にため息が。

た。

個室をまわるとき、できる限り、病児のお誕生日の星空を映し出す。広大な宇宙を旅し、宇宙の果てのようなところから数千億の銀河、その中の銀河系（天の川銀河）、その中の数千億の星、その中の一つの太陽、そしてそのまわりをまわる惑星の中の唯一のいのちの星・地球。その地球に生命が生まれ、連綿としたいのちのリレーの果てとして、その子のお誕生日の星空を見上げる。そこに残るのは、やはり「生まれてきてくれてありがとう」という気持ち。

２０１８年12月に訪ねた別の大学病院は、「病院がプラネタリウム」がはじまって以来最大規模のイベントとなった。ＣＬＳ（チャイルドライフスペシャリスト）が3人、保育士さんも多くいらして、会議室での4ｍドーム、プレイルームの天井投影、個室まわり、ＮＩＣＵやＧＣＵ（回復治療室）での投影など、2日間に渡って、およそ100名の子どもたち、およそ200名のご家族、50名のスタッフのみなさんに見ていただいた。星つむぎの村側のスタッフもボランティア含めて総勢10名。NICUやGCUはとても広く、その窓を遮光《しやこう》するだけで3時間以上かかるという大作業であった。NICUという場所は、当然のことながら、もっとも感染に細心の注意を払うべき場所であり、外部の人が入ってきて、脚立《きやたつ》に乗る作業をすること自体が、おそらく院内では多くの議論があることだろう。加えて、生後まもない赤ちゃんにプラネタリウムなんてなんの意味があるの？　と。

けれども、NICU／GCUの師長さんは（直接、プラネタリウムをご覧になったわけではないのに）これが、命をつないでいる赤ちゃんとお母さんたちにきっと必要、という確信のような直観をもっておられた。師長さんが、多くのスタッフに全面的な信頼を得ておられるのであろうことは、スタッフの動きから即座に感じられる。

★NICUの機械音の中で

NICUは、赤ちゃん一人ひとりにつながれた多くのチューブやモニター、高度医療の結晶のような場所。けれども、そこに「自然」を感じられるものは一つもない。部屋全体は窓もブラインドされているため、外の風景は一つも見えない。師長さんは、「高度医療

NICUでの投影。見上げる人、赤ちゃんから目を離さない人、さまざま。

は、自然としての人間という概念の上にたっていないと危ういものになってしまう」という考えを持っていた。でも、常に多くのスタッフが動き回り、ケアをし……言葉通り、小さないのちが絶えないようにと見守っていなければいけない場所。

「音はなるべく小さく」「マイクは使わないほうが」という要望もあった。音楽もなるべく小さく、そして自分の声も……そんな投影を見守ってくれていた、村のボランティアスタッフの一人で医療保育士でもある黒井良子《くろいよしこ》さん（通称ペコちゃん）は、こんな風に描写した。

「今回、病院がプラネタリウムに関わらせていただき深い深い感動の渦のなかにいます。真理子さんのＮＩＣＵでの語りはマイクなし、大きな声で刺激しないでほしい、というリクエストの中、かすかなＢＧＭと真理子さんの言葉を選んで丁寧にゆっくりした語り。キラキラとした光を放つ宇宙と私たちの命の対話だった。若いお母さんたちが、自分が星空を見るよりも星を見る我が子から目が離せず、胸に抱きながら、頭をなでながら、涙声の真理子さんの『詩（うた）』を聞いていた。ドクター、看護師さんがご家族に寄り添いながら天井を見上げてくれた。温かい言葉のシャワーに包まれて、今この時を共に在る家族の時……これがたまらなくいとおしかった。プラネタリウム終了後、師長さんが泣いていた……『みんなガンバっているから……』そう言って感情を表して下さったとき、ＣＬＳさんも、星つむぎの村スタッフも、今ここに在る、たまらなく大切なものに気づくことができた。みんなで命の詩を歌っていた。」

加えて、後日いただいた師長さんからのメールを紹介する。

「プラネタリウムの企画を本当にありがとうございました。子どもたち、家族、スタッフにとって、本当に貴重な時間がいただけました。私なども、仕事を終えて帰って、空など見上げることなど以前はありませんでしたが、最近は、顔を上げて、見えていない広い宇宙を想像します。そうすることで、柔軟に物事が考えられますね。

長期入院児のお父さんの感想をピックアップさせていただきます。

『1歳8ヶ月になる息子は、一度も病院の外に出たことがありません。普段、治療を頑張ってる息子に少しでも楽しい思いをして欲しくて、色んな絵本を見せたりおもちゃで遊んだりしています。ですが、それも限界があるので、少しでも刺激になることをしてやりたいなと常に思っています。そんな中、こんなにも素敵なイベントを行ってもらって本当に嬉《うれ》しいです。1歳8ヶ月になりますが、他の子よりも成長が遅い分、途中で飽きたり違うところを見たりしちゃうかなと思っていたのですが、プラネタリウムの間ずっと興味深そうに星空を見ている息子にとても驚きました。いつの間にか、色々な事に興味を持てるくらい成長出来ていることを実感できて、私自身、とても嬉しかったです。息子にとっても、私たち両親にとってもかけがえのない経験ができました。本当にありがとうございました。』

本当に、このような機会を作っていただき、感謝しかありません。」

★生まれてきた意味を

またCLSさんからは、個室でお子さんと一緒にご覧になったお母さんからの感想として、こんなメールをいただいた。

「個室にいるお母さんから『この子が生まれた日は、NICUへ入ることになった日で、とても星なんて見る余裕はありませんでした。その日の星を見る機会を頂いて、この子が生まれた日の星空がこんなに美しかったと知れて、生まれてきた意味があったんだと感じ

個室では、お子さんの生まれた日の星空を投影する。

ました。私にとって、大きな気づきでした。』と涙を流しながら、感想を教えてくれました。」

病院スタッフは、翌年には、新規予算をねん出してくださり、院内でもさらに多くの方々の協力体制を組んで、２０２０年1月に再び2日間の投影をすることができた。ＮＩＣＵ、ＧＣＵでの投影回数も増え、前年よりも多くの方がご覧になったと思う。

このとき、師長さんが、「多くのスタッフが言うのだけれどね。見たあとに、赤ちゃんが『どや顔』になるの。私もほんとにそう思う。」と。ボクだって、私だって、ちゃんと見てるんだからねーっという顔をしているのだと言う。考えてみれば、人は生まれた直後からの外部からのぬくもり、音や言葉や音楽、目にうつるもの、あらゆる刺激があってはじめて成長していく。寝たままの姿勢の赤ちゃんに、星空は、そして躍動する宇宙は、何かを伝えられるのかもしれない。

けれども中には、赤ちゃんを抱っこしながら、一度も顔を上げることのないお母さんもいらした。近くにいると、「見るもんか」というオーラを感じるほどであった。これは、実は他の病院のＮＩＣＵでも何度か体験していたこと。おそらく、母親であることも、目の前のいのちに起こっていることも、受け入れがたい状態なのかもしれない。彼女とその赤ちゃんの未来の瞳にいつか希望の光が輝くように、と願わずにはいられない。

4 輝く小さな星

ひなたちゃんのこと

★新潟に行きたい

2017年2月2日、大和淳《やまとあつし》さんからメールをいただいた。大和さんとは、「つなぐ人フォーラム」※1でお会いしたことがあり、共通の知人も多くいたが、直接やり取りしたのはこれがはじめてであった。そのメールの少し前に、新潟大学医歯学総合病院の先生から、「ぜひうちの小児科でプラネタリウムをやってほしい」という依頼が来ていた。先生は、小児血液・がん学会で、「病院がプラネタリウム」についての発表を見てくださっていたのだ。大和さんの娘のひなたちゃんは、その病院に入院中、しかも大和さんは病院の近くの大きな水族館の職員で、出張イベントを病院内でもやっているとのこと。何かコラボレーションやお手伝いすることがあればぜひ、というメールだった。そのとき、ひなたちゃんは、もうすぐ退院するので、プラネタリウムが来るときには淳さんが手伝いにきます、とも書いてあった。

2月中旬に、「つなぐ人フォーラム」が開催され（大和さんは不参加）、そのときに、大和さんと親しい染川香澄《そめかわかすみ》さんと「ひなたちゃんのいる新潟の病院に行きたいのだけれど、（資金のために）どこか講演で呼んでくれるところがないかなぁ、と思っているんです」という話をしていたら、そのすぐ横にいた女性が「私、新潟の科学館にいます！」と。その話をしていたのは、なんとトイレの洗面所であったが、立ち話をした福島郁子《ふくしまいくこ》さんの迅速《じんそく》な仕事のおかげで、その1週間後には、6月に新潟に呼んでもらえるという話につながったのだ。無事に、ひなたちゃんのいる病院にも行けることになった。

そんな「つなぐ」成果を大和さんにお伝えしたメールの返信は衝撃的なものであった。

「娘についてですが（言うか言わないか迷っていたのですが）、2月20日に寛解《かんかい》ということで退院したのですが、なんとその3日後に体調がイマイチになり受診し、24日に再入院しました。もっとも転移して欲しくなかった中枢神経系への転移がわかり、治る見込みがかなり低い状況で現在治療しています。なんとか6月には少しでも良い状態で参加することができると良いなぁと思っています。」

それに対して、私は再びメールで返事。

「そうなのですね。なんとお声掛けしてよいのかわかりませんが、ひなたさんの1日1日が少しでも幸せであるように、痛みから離れられるように、と心から願います。

今晩は満月です。日が沈む時間、今日はかなり真東に近いところから、月がのぼります。もし東向きの窓があって空が見えるような場所だったら……一緒に見てもらえるといいなと思います。先日行った講演の際に、『人はなぜか空と海にひかれる。それはいのちの源があるから……』と小児科医の二瓶健次《にへいけんじ》先生※2がおっしゃってくれました。大和さんのお仕事も、ひなたさんにとってても素敵なことなのだと思います。

大和さんご家族の幸せを心から祈っています。とてもとても会いにいきたいです。」

★きらきら星に祈りをこめて

大和さんは、そのころからFacebookに、ひなたちゃんの写真と状況を比較的頻繁《ひんぱん》にアップするようになっていた。その中のひなたちゃんはいつも天使の笑顔。家族3人で、大好きなキティちゃんに会いにピューロランドまで行った！　という話題もあり、それを見てホッと胸をなでおろすこともあった。

5月の連休に入り、私は八ヶ岳での星空イベントを行っていた。イベントの準備中にふと開いたFacebookに、大和さんの書き込みが飛び込んできた。かなり厳しい状況で、あと1週間か……といった内容であった。血の気がひくような思いで、このままひなたちゃんに会えなかったらどうしよう……またひどく後悔をする、と思った。「また」というのは、以前に〝間に合わなかった〟体験があったからだ（9章）。とはいえ……すぐに行くことができない。私は祈るような思いでプラネタリウムの動画を急いでつくり、大和さんに送った※3。

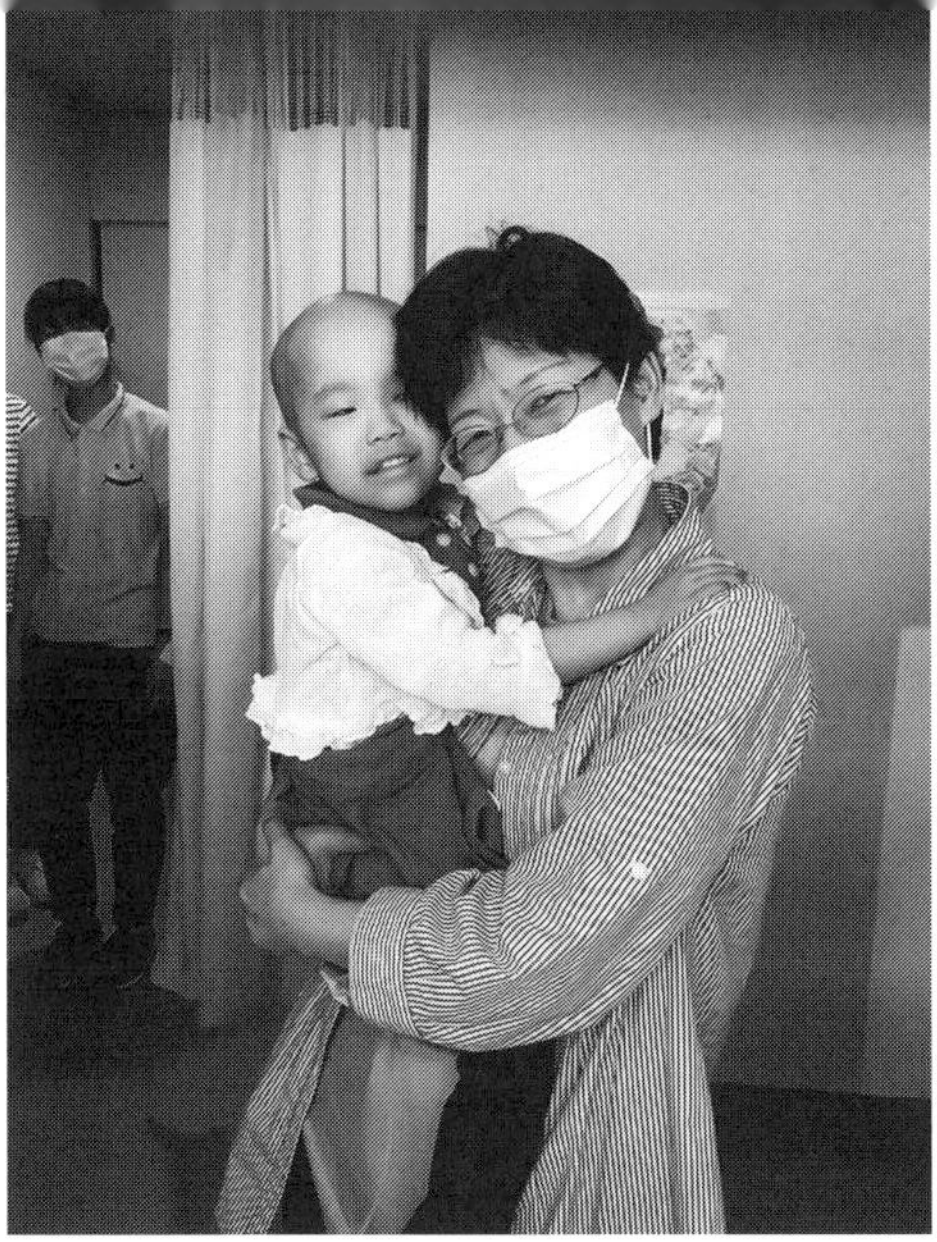

ひなたちゃんのぬくもりは、
忘れることができない。（提供：大和淳さん）

その夜、大和さんはプロジェクターをかりてきて、ベッドの上の天井に映るようにしてひなたちゃんに見せてくれた。お母さんの紀子《のりこ》さんと一緒に寝そべって見ている様子を、淳さんは一部始終、ビデオにおさめていた。「うふふ、おかあさん　おもしろいね」「きらきらひかる　おそらのほしよ」「ひなちゃん、すっごーい元気になった」というひなたちゃんのかわいらしい声。

そして6月8日、とうとうひなたちゃんのいる病院に行くことができた。そのとき、ひなたちゃんはプレイルームに来られるほどに元気で、淳さん、紀子さん、ひなたちゃんで寄り添って、そしてともにがんばっているお友達も一緒にプラネタリウムを見ることができた。見終わったあとも、また見たいなーと2回目の投影をしている外から、のぞいていたそうだ。楽しかったお礼に、と、ひなたちゃんは、キティちゃんの絵を描いた手紙をプレゼントしてくれた。ぎゅっとひなたちゃんを抱きしめた感触は忘れることがない。

★星になったひなたちゃん

それから、3ヶ月あまり、大好きなお父さんとお母さんに寄り添われて、眠るようにひなたちゃんはお星さまになった。以下は、しばらくして、私がFacebookに投稿した文章（一部改変）である。

「FBに長い文章を書くことはほとんどありませんが、今日は、お友達の『ひなたちゃん』のことを書きたいと思います。ひなたちゃんは、先日、3歳と8ヶ月で、お星さまになりました。ひなたちゃんは、たった3歳にして素晴らしいいのちの輝きをもったりっぱな人でした。そして、ご両親のひなたちゃんを愛しぬくその姿に、教えられたことは数しれません。

ひなたちゃんは、網膜芽細胞腫《もうまくがさいぼうしゅ》という小児がんを持っていて、発症したのは10ヶ月のとき。遠くの病院に通いながら治療を受けていましたが、1年半後に転移がみつかり、再入院。病院プラネの依頼がきたときには、ちょうど治療がうまくいって、退院できるかも、というタイミングでした。けれども、すぐあとにまた中枢神経への転移が見つかって、治療法がないという厳しい結果でした。そんな中、ひなたちゃんは7ヶ月もがんばって、ご両親と『本当に濃い時間』を過ごされました。

ひなたちゃんは、いつも笑顔で、しかも口癖が『ありがとう』だというのです。再発がみつかって、一時期目が見えなくなったときも、二人にむかって『ニコニコして』と励ましてくれたそうです。そして、お星さまになる1ヶ月前に、夜中に突然おきて『ありがとう、楽しかったよ』と。泣いてしまう二人を「大丈夫？」と心配までしてくれて。

お二人は、病気がわかったとき、『ひなたが病気になった意味も、そしてそれが自分たちの子どもだったことの意味もきっとある』と捉えて、自分たちだったら事実を受け入れつつも前向きにがんばれるからなんだよね、と話をしたそうです。ひなたちゃんの素晴らしい笑顔に圧倒されながら、たくさん励まされたのでしょう。

ひなたちゃんの病状が厳しいと聞き、慌《あわ》てて、ひなたちゃんに送るための動画をつくりました。ひなたちゃんが一番最初に覚えた曲が『きらきら星』だったというのを聞いて、清田愛未《きよたまなみ》さん演奏のきらきら星と、太田美保《おおたみほ》さんのピアノ曲をいれて。ひなたちゃんたちは何度も見てくれました。最初に見たとき、『ひなちゃん元気になったよ！　もっともっと元気になったよ！』と言って、きらきら星にあわせて歌ってくれたそうです。その後、愛未さんが、『ひなたちゃんバージョン』を入れなおしてくれたので、そちらのバージョ

ンもまた送りました。（中略）
ひなたちゃんがお星さまになった9月15日、私は、ピアニストの太田美保さんと歌うたいの鈴《すず》木《き》律《りつ》子《こ》さんとの『宙《そら》に歌えば』コンサートを開いていました。子育て中のお母さんやお父さんにおくるコンサートだったので、広大な宇宙からかえってきて地上からの星空を見上げるとき、『今夜はぜひ星を見上げながら、隣の小さいいのちを抱きしめてください』といいながら、不覚にも自分で泣きそうになりました。ふと思うと、その時間はひなたちゃんがお星さまになった時間。メッセージしていってくれたのかな、とも思います。ひなたちゃんのお通夜《つや》のとき、以前つくった動画を流してくださったそうです。

　実際に抱きしめてあげることのできない深い哀しみは、ずっとありつづけてなくなることはないのだろうと思います。でも、ひなたちゃんがお星さまになって輝いていると思えること、そして、ひなたちゃんが生まれ、そして星になった意味を受け止めていこうとしていること、すべてが、お二人をまた励ましてくれるだろうと祈らずにはいられません。ひなたちゃん、ほんとうにありがとう!!」

★物語を生きる

人の平均寿命から考えれば、ひなたちゃんの人生はほんとうに短かったのかもしれない。

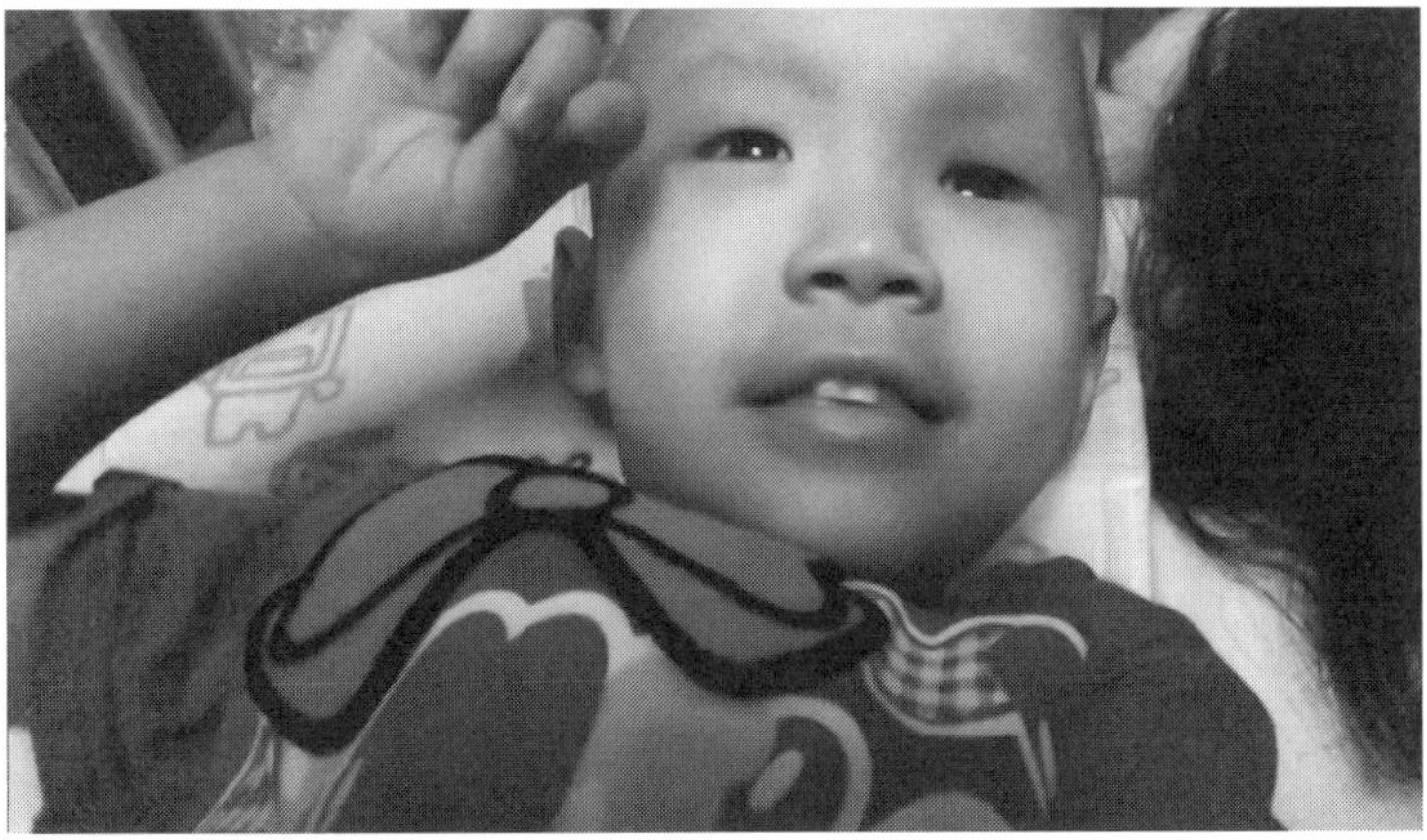

天井に映した動画に見入るひなたちゃん。（提供：大和淳さん）

けれども、星になってもなお、ひなたちゃんは大きな仕事をし続けている。淳さんと紀子さんたちも「ひなたからは教えられることばかり」と。もちろん、ひなたちゃんの体がそこになく、大きくなっていたらどんな風に成長していたのかと思う深い哀しみは、ずっと消えることはなく、むしろ深まっていく側面だってあるだろう。けれども、二人が積極的にひなたちゃんの話をすることが、三人を生かすことになるのだ、ということを、そのまま見せてくれているのが大和家でもある。

人が深い哀しみに逢ったとき、その事実は自分にとってどんな意味があるのか、それを物語として自分の中に腑に落とすことができるかどうか、そしてそれを誰かに受け止めてもらえるかどうか、そのことがその後の人生を変えていくといってもいいのかもしれない。

ノンフィクション作家の柳田邦男《やなぎだくにお》さんは、「人間には物語を生きている側面がある」と表現する。「人間のいのちは、科学で説明できる生物学的な生理現象として観測できる生命の側面だけで構成されているわけではない。精神性の側面があるのを忘れてはならない。まさにその精神性の側面において、人間は物語を生きているといってもよいのだ。そのことが厳しく問われるのが、死に直面した時である。その時、どういう物語をつくるのかという点において、言葉の発見が重要な意味を持ってくるのだ。」※4

大和家が紡ぎだした物語は、2019年に生まれてすぐの「ひなさん」を里子として迎え入れることにまで広がっている。もちろん彼らが「ひなさん」を選んだわけではない。ひなたちゃんの仕業としか思えないようなめぐり逢いである。そして、星つむぎの村でも、ひなたちゃんはいまだに大きな仕事をし続けている。(5章につづく)

※1　毎年2月に、山梨県北杜市清里で開催している多ジャンル交流のフォーラム。
※2　『病院に動物園がやってきた!——子供と家族にやさしい医療を求めて　VRを利用した新しい医療現場からの報告』(ジャストシステム、1996)の著者。
※3　この動画は、星つむぎの村 YouTube チャンネルで公開している。タイトルは「ひなたちゃんへ」。
※4　柳田邦男『言葉の力、生きる力』新潮社、2002。

5 仲間とともに

星つむぎの村という場で

★地図にはない村

プラネタリウム上映の前に、観覧するみなさんを前に「星つむぎの村」の紹介をするのは、たいていの場合、跡部《あとべ》さん。子どもたちに向かって「地図帳で、星つむぎの村を探してみてください。……でも、どこにも見つかりません」というと、みんなの笑みがこぼれる。けれども、「村」と名づけたココロには、やはり、そこが人々の生きる場であり、〝寄りどころ〟であり、〝拠《よ》りどころ〟になりたい、という思いがあったからである。「出張プラネタリウム」という事業をする団体であるより前から、星をキーワードに人々が集うコミュニティなのだ。私たちは、ウェブサイト上で、星つむぎの村の理念をこう伝えている。

「すべての人に星空を」

星空は、地球上の全生命にとっての共有の風景です。誰の上にも星空が輝きます。その星と星の間にある、深淵《しんえん》な宇宙は、すべての生命のふるさとです。見上げた星のその向こうには、同じ星を見上げている人がきっといます。時空を超えて人と人をつなぐ、そんな力が星にはあるような気がします。

星空の下で「つどい」、星につながるモノやコトを「つくり」、星の魅力を「つたえ」、多くの人と「つながり」、そしてホンモノの星をなかなか見られない人にも、星空を「届ける」。

そうしてともに幸せをつくろう。

そんな願いをもった人たちの集まりが「星つむぎの村」です。

星つむぎの村の前身の「星の語り部」のころからずっと仲間でいる人、私たちのプラネタリウムに出会って心動かされ入ってきた人、友達の友達で入ってきた人、本やメディアで知って単独仲間入りする人、もともと星や宇宙が大好きだという人もいれば、それより人が好きだという人も。北は北海道から、南は沖縄まで、年齢も乳児から70代まで。2020年7月現在、およそ150名の「村人」がいる。

地域を巻き込んでプラネタリウムの企画を立ち上げるメンバー、解説に挑戦するメンバー、手伝いにきてくれるメンバー。他、カレンダーや絵本づくり、村通信を手がけるメンバー、実天の星空案内をしているメンバー、ワークショップ開発やものづくりに一生懸命なメンバー、被災地支援にまわるメンバー、運営や経営のサポートを裏側でしてくれるメンバーなどなど。それぞれが、自分のやりたいことと、村のニーズに接点を見いだし、力

一年に一度、八ヶ岳の山麓で行う星つむぎの村の合宿。（2019 年 1 月）

を発揮している。

星つむぎの村の活動のすべては、そういった仲間がいて成立してきたものばかりである。

★「病院がプラネタリウム」研修

一方、プラネタリウムの依頼が年々増え、気持ちを寄せて一緒に活動してくれる仲間も増える中で、チームとして安全にこの活動を行うための体制づくりは大きな課題でもある。星つむぎの村の「村人」と呼ばれるボランティアは、保育士や看護師というプロフェッショナルなバックグラウンドを持っている人もいれば、星を伝える人、病気や障害の当事者に近しい人、遠い人、一言では言い表せない多様さがある。小児病棟や重度心身障害者棟などに入るのもはじめて、という人も多々いる。そして、多くの人が、そこにいる子どもたちとどのようにコミュニケーションをとってよいのか、戸惑う。私も最初はその一人であった。

人は、自分自身の経験上から想像が難しいことごとや、その実態がよくわからないものに対して、不安や戸惑いを抱くものだ。少しでも興味を持ったり、知ったりしておくと、その先の想像が広がりやすい。そういう点において、自分の外にある世界――自然であれ、人であれ――を知ろうとすることは、想像力を持つということでもあると思う。

私たちが今いるこの社会は、ほんとうの意味の共生社会であるかどうかというと、むしろ多くの分断が起きているといわざるを得ない。いわゆる「障害」を持つとされる子どもたちは、支援という名のもとに、それ以外の子どもたちと交わって生きていく機会を奪われているのが現状だ。

だからこそ、「どうしていいかわからないけれど、何かできることがないか」という気持ちを持つ人たちが集い、知らなかったことを知り、誰かのための一歩を踏み出すということができる場になれればという思いをもって、星つむぎの村を運営している。

2018年9月、星つむぎの村としては初となる「病院がプラネタリウム研修会」を行った。その年に、医療保育士経験のある黒井さんの提案で、リスクマネジメント研修や安全管理マニュアルの作成も行って、実践に向けて動き出すタイミングでもあった。何より、当事者の話に耳を傾けるという共通体験をしたかった。それが、現場でのコミュニケーシヨンに、何かつながっていくだろう、と思っていた。

そこで、ひなたちゃんの両親である大和《やまと》夫妻に来てもらい、ひなたちゃんの病気発症からの闘病生活の様子を丁寧にお話しいただくことになった。みんなで、何度も涙を流しながら聞き入った。ひなたちゃんに関わり続けてくれた医療保育士さんに出逢えたことで、二人とも保育士の資格を持つことを目標に持ち、見事合格した。そして、ひなたちゃんが星になった深い哀しみを抱えながらも、保育ボランティアとして病院内で活動を開始していた。これも、ひなたちゃんがしている大きな仕事の一つである。

★当事者から主体者に

そしてこの研修会をきっかけに、二人は「村人」になり、紀子《のりこ》さんはプラネタリウムの語り手になる、ということを次の目標に据えた。多くの実経験をもとに、紀子さんにしか語れないものが多々ある。見上げればそこにひなたちゃんがいて、いつもエールを送ってくれる。

２０１９年1月の星つむぎの村の合宿のときに、「しゃべってみたいなぁ」という考えを聞かせてもらい、3月に会ったときに研修を、そして、その後、「がんの子どもを守る会」新潟支部の方たちと、小児科でのプラネタリウムを自ら企画し、段取りし、そして語るということを成し遂げた。ひなたちゃんはどれほど喜んでいたことだろう。

当日のレポート（レポート執筆は跡部さんと紀子さん）を紹介する。

「当日は、講堂に４ｍドームを設置。せっかくなのでミニワークコーナーも開設。まずは、ドーム内で紀子さんの練習も兼ねてリハーサル。守る会のみなさんが、口々に『素晴らしい』『感動した』と。紀子さん、初めての投影にもかかわらず、とても落ち着いた語りで心に響きました。

午後2時と3時の回は、病棟から子どもたちがご家族と一緒に。セーフティトークの紙芝居も守る会のみなさんが担当。『お家の人とお話ししながら見てもらってもいいです』という紀子さんの声掛けで、みんなの想いを声に出して表現していました。どちらの回も子どもたちは４人だったので、ゆっくりとお誕生日の星座を探したり、アルビレックスやビッグスワンの話をしたり。子どもたちは大いに楽しみ、ご家族はしばし心を解放する時間。あっという間の30分の宇宙旅行でした。病棟に戻ってからも、病院スタッフに、『すごかった！』と興奮して伝えてくれていたそうです。アンケートには、ご家族の『最後には涙が出ました』という文字も。

1回目の投影後に『また見にくるね！』と言ってくれた子がいました。2回目は星にとても詳しい子がいて『アンドロメダ銀河もあるんだよ』と教えてくれました。どちらの回も『マーブルチョコみたい』『ドーナツみたい』『美味《おい》しそう』と、食べ物に見立てて表現していました。抗がん剤による免疫低下で食事制限が多い子どもたち。食べたいものが自然に口をついてでたのかもしれません。

ドームから出たみなさんに、星座カード作りを勧めると、みんな車いすでテーブルへ。自分の星座だけでなく、お姉ちゃんやお母さんの分もと、ずーっと作ってくれていた子もいました。

3回目は、新潟大学医歯学総合病院小児科病棟親の会『SMILEーすみれーの会』のみなさんへの投影。大和ファミリーのお友達も多く『紀子さん、すごーい』の声も。病院からは、お二人の看護士さんが常駐してくださったほか、小児科のドクターは全員が見てくださり、『すばらしい活動だ』『また来年もぜひやってほしい』というありがたい言葉をいただきました。

『病院がプラネタリウム』が始まって5年目。『いつか各地に支部ができて、それぞれの地域の病院を担当する』。そんな妄想が構想に変わり、そして計画になって、今日、実現をしました。『すべての人に星空を』。届けるべき場所があり、待っている人がいる限り、この活動を進めていきたいと思います。」

人は生物学的遺伝子を受け継ぐだけでなく、文化的遺伝子を受け継いでいく生物である。

大和夫妻が、星になったひなたちゃんとともに、里子のひなさんを育て、同じような体験をもつ子どもたちに、星を語る。星つむぎの村が、そういった文化的遺伝子を継いでゆく一端になれたら、こんな嬉しいことはない。

ひなたちゃんのお母さん・紀子さんの投影。

6 若い力に励まされて

★休学して「病院がプラネタリウム」

「病院がプラネタリウム」には、多業種、多様な人たちが関わる。私たちを呼んでくださる方の中には、病院や施設内にいらっしゃるスタッフ（医師、看護師、保育士、介護士など）もいれば、病気や障害をもつ子どもたちとその家族を支援する団体、当事者同士の会などがある。時に、それを外から支えようとしてくれる企業や団体、また、同じような志をもって活動する団体と一緒になることもある。この活動をしていなかったら、出会わなかった人たちばかりである。そして、これからどんな未来が待ち受けているのか、と不安や期待を抱える若い人たちとの出逢いも多くある。

２０１６年11月、金沢医療センターでのプラネタリウムに、富山大学天文部の学生が３人手伝いにきてくれた。ある天文関係の研究会で知り合った野寺凛《のでらりん》くんが、天文部メンバーを誘ってくれたのだ。野寺くんは、今やユニバーサルデザイン観望会を積極的に行う星つむぎの村の村人である。その野寺くんの後輩にあたる倉知朝希《くらちあさき》さん（以下、朝希）は、プラネタリウムに感動し（その日は、その気持ちを全然伝えてくれなかったけれど）、その２ケ月後に、冬の八ケ岳のふもとで行われた「星つむぎの村合宿」に、単独参加することになる。天文部にいて、医療保育士になりたいと思っていた彼女にとって、「病院がプラネタリウム」という活動は彼女の未来に光をあてるものでもあった。

星の合宿のはずなのに、なぜかそこには医療保育士もいれば、同じ学年の動物科学を専攻する学生もいた。4年生を目前に、漠然と休学したいと思っていた気持ちを力強く背中を押され決定づけてしまう経験となった。そこに集まっていた、さまざまな背景を持つ大人たちを見て、たかが1年はなんの遠回りでもない、と思ったのだろう。

その後、朝希はほんとうに休学を決め、その1年の間、全国あちこちの「病院がプラネタリウム」の活動を共にした。医療保育士という職業は、いわゆる保育園で仕事をする保育士さんの数から比べればかなりマイナーな仕事である。小児科にたとえば50名の看護師さんがいても、保育士は1、2名というのが現実である。最近は、ＣＬＳ（チャイルドライフスペシャリスト）や、ＨＰＳ（ホスピタルプレイスペシャリスト）と呼ばれる資格を得て、小児科で、病児の治療と成長全体を支える専門家を置く病院も増えてきてはいるが、病児を取り巻く支援の環境は十分とは言えない。保育士免許を取る課程の中にも、医療保育士のことを学べる機会はほとんどないという。そんな機会を探していた朝希にとって、現場に入れることは何よりも大きな学びだった。

★学生主導の企画

2017年11月、前年と同じ金沢の病院への出張の1週間前、金沢大学の医学生からメールがあった。彼らは、小児科の子どもたちにプラネタリウムを見せたい、とあれこれ考えていたところ、私たちの活動をウェブサイトで発見。しかも、その翌週に、彼らのいる場所のすぐ近くの病院でのプラネタリウムがあるという偶然。その後、そういった「呼ばれている」としか思えないような絶妙なタイミングや、彼らのどこまでも若くて強いパワーなどに圧倒されることになる。

医学生5年生の、山本くん、石川くん、吉田くんは、日本の医療における患者の環境に対して疑問を持ち、自分たちの力で変えていきたいという志をもつ人たちだった。彼らは実習先の小児病棟で、入院中の子どもたちに「今、何がしたい?」と聞いてまわっていたそうだ。その中で、星をみたい、と答えた白血病と闘う男の子がいた。彼らは、どうにかしてその子にプラネタリウムを見せる方法がないかと思っていたのである。

医療センターでのプラネタリウムは、大人向けスクリーンで行ったものであったが、彼らはとても感動し、その興奮さめやらぬまま、病院近くのファミレスでミーティングをした。朝希も、富山から参加していた。彼らは、その男の子の都合《つごう》にあわせて1月の週末に

地球の姿に立ちつくす子ども。（提供：アルビレオ）

実施したいという。私はすでにすべての週末が予定で埋まっていた。「でも……朝希が投影をするっていう手があるかもね」と、私がさらりと言う。熱い視線が、朝希に集まる……。かくして、朝希にとっては突然、2ヶ月後にプラネタリウムの解説を行うことが決まってしまったのだ。

彼らは、その後、学長先生にまでかけあって、附属病院の小児病棟でのプラネタリウムの開催を決め、その前後で知り合っていた他大学の学生も巻き込み、「白い天井のその先に」という素敵なポスターをつくったり、当日の工作企画を練ったり。一方、朝希は、石川県小松市にあるサイエンスヒルズこまつのプラネタリウムの職員にも教えを乞《こ》うたり、1月の合宿でも練習したり、友達に見せながら練習したり……とひたすら努力を続けた。能力が十分あるのに比して、自分自身に対する評価の低い彼女が、一皮も二皮も剥《む》けていくようなそんな機会でもあったことだろう。

そうやって迎えた当日、ハプニングも乗り越えて、無事に終えることができた。後輩のことが心配で、仕事を休んで神奈川から金沢へ向かった野寺くんが、「あんなに感動したプラネタリウムははじめてです」といった言葉が、今回のイベントのすべてを物語っているかもしれない。

大好評のうちにイベントを終えた彼らは、その後、たった半年の間に金沢医科大学、福井大学、そして富山大学と北陸の大学病院を「制覇」してしまった。中には、病院の大ホールで行うことになり、100人もの人たちが集まることにおののき、緊張しすぎた朝希は、投影中のことを何も覚えておらず、終わった瞬間に泣き崩れるという場面もあったが、すべてが大勢を巻き込んだ彼らの貴重な体験だった。

★バトンを渡して

最初の企画を立ち上げた三人は、4大学制覇を成し遂げ、さっそうと国家試験に合格し、研修医となってそれぞれ旅立った。京都に移った山本くんは、あらたな土地でも「病院がプラネタリウム」の話を学生たちに伝え、その話に魅了された学生たちは、大学始まって以来初の学生企画によるイベントを行うにいたった。私たちを呼ぶと決めてから、大学と交渉し、前例なき企画を推し進めていくのに、さまざまな苦労があったと思う。コアとなった4名の医学部6年生が、ボランティアを呼びかけ、なんと1時間以内で、20名もの学生が、ボランティアをしたいと集まったという。実施する前から、自分たちが卒業したあとも続けたいという思いが強くあったからだろう。企画の中心になっていた三輪《みわ》さんは、企画終了後に病院広報に掲載されたレポートで、こう語った。

「これまで病棟を回らせていただくなかで、患者さんは、想像以上に大きな不安を抱えて病院生活を送っておられるのだ、ということを痛感しました。しかし、まだ免許を持っていない学生の身分では何もできずに、見ていることしかできなかった。そのことがとても悔しかったです。だから、今回の話を持ち掛けられたときは、これだ！　と思いました。カンファレンス室の天井に満天の星が広がった時の子どもたちの歓声は一生忘れないと思います。部屋を出るときに『またきてね』と言ってくれた子もいました。すごくうれしかったです。

また、今回当日のボランティアに参加してくれた学生の中から、この活動を部活化して、定期的に行っていこう、という人たちがでてきてくれました。この流れがずっと続いてくれるといいなと思います。」

★プラネタリウムを研究テーマに

自分自身が長い入院経験を持ち、病院でプラネタリウムをやったらどうだろう、と自《みずか》ら思っていた学生もいる。谷口加奈子《たにぐちかなこ》さん（以下、ニッチ）。彼女は大学3年生のときに、私たちを見つけ、単独で仲間入りした。彼女は、こんなふうに自己紹介をした。

「私は神奈川県横浜市に住んでいて、現在大学3年です。大学では地質科学を学んでいて、中高の教員免許と学芸員資格の取得を目指し勉強をしています。元々は、地球科学の楽しさを伝えたい、と教職を志し大学に入りました。

学年が上がるうちに、『教える、伝える』ことへの情熱は増す一方でしたが、他方で、教職が本当に自分の道なのかと考え始めるようになりました。

自分が将来誰のために、何をしたいのだろうと考えて、最初に思いついたのが『何を』の部分です。それは、博物館での体験でした。新しい世界や物の見方を教えてくれる博物館は、私にとっていつでも心ひかれる場所だったからです。

『誰のために』と『したいこと』は、セットで思いつきました。それは、中学の時の自分自身がヒントでした。当時私は入院していて、病院という狭く閉じた世界にいました。そんな私にとって、自然……とりわけ空は、広い世界の象徴でした。時おり眺《なが》める屋上からの空がどれだけ私の心を励ましてくれたことでしょう。今はもう、いつでも好きなときに空を見ることができます。けれどもあの時期の、わけもわからずただ空に焦《こ》がれた気持ちを、今でも覚えています。

そして、病院や福祉施設、刑務所など、『広い世界をみることがままならない環境にいる人たち』に、世界はこんなに素晴らしいものだと『伝えたい』のだと気がつきました。だから、私の夢は、『普段、博物館に来ることのできない人たちのもとに、展示や実験、体験を届ける』ことです。

しかし、どうしたら、どこにいけばその夢を叶えることができるのか、私にはまだ見当もつきません。それでも、しばらく前に病院でみた『プラネタリウム』のポスターを思いだし、ここにいけば何かヒントがあるのではないか？　と、はやる気持ちのまま、星つむぎの村に入りました。

大学では天文サークルに所属していて、何度か観望ボランティアや望遠鏡操作の経験はあるものの、星にとりわけ詳しいというわけではありません。それでも、星の魅力を伝えていきたい、また人を元気にしたいという熱意や気持ちは人一倍あります。」

そんな夢を語ってくれた彼女は、その後、一度も教えていないのに、私の語りを全部自分のものにし、プラネタリウム解説デビューを果たした。また、プラネタリウムを見た子

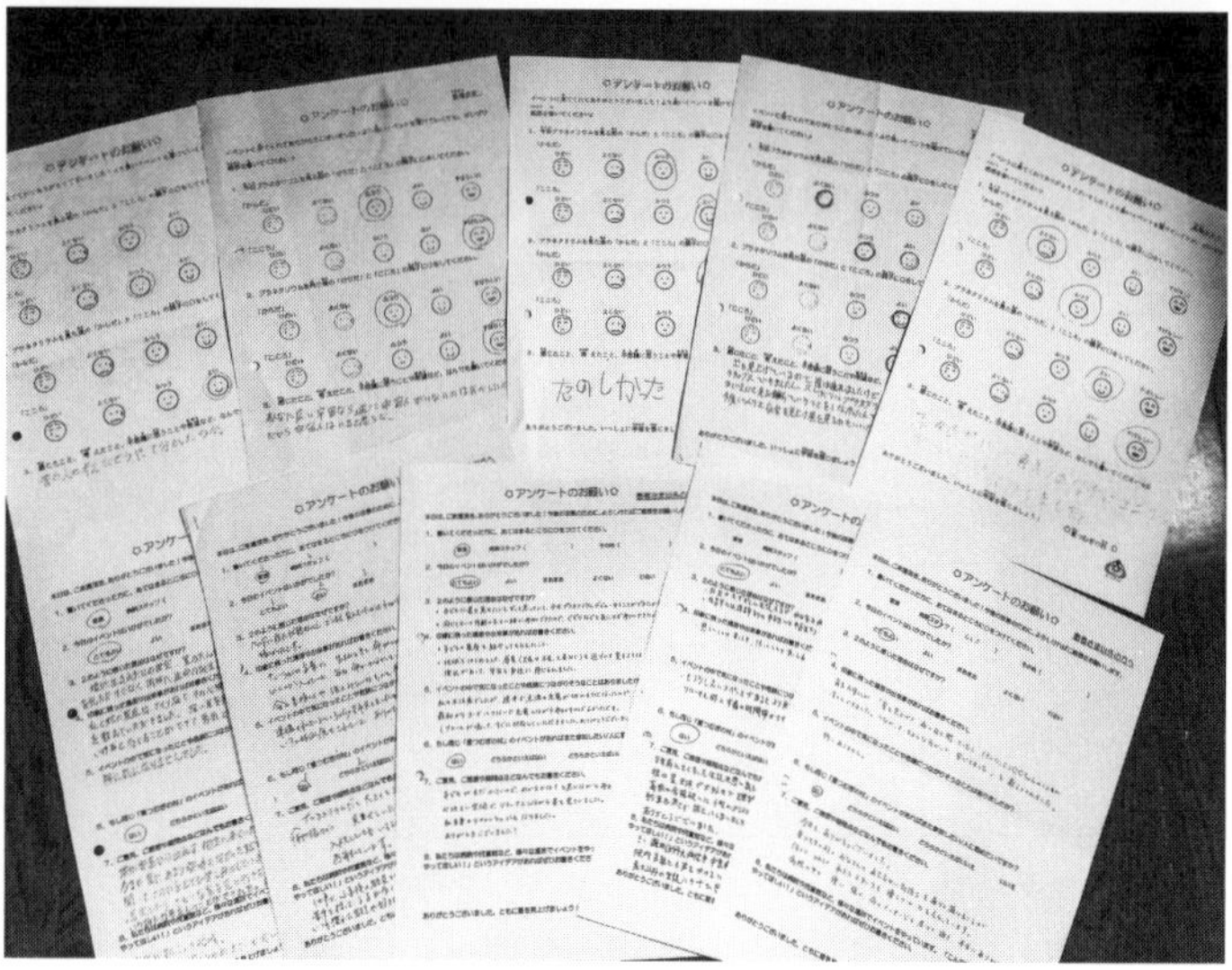

ニッチがつくったアンケート書式。感想がびっしりと書かれている。

どもたちや家族、スタッフたちが、何を感じ取ったのか、どんな変化があったのかを知りたい、と自らアンケートを作成してくれた。数多くの場所で、そのアンケートに記入してもらったことごとは、私たちの活動の安全性を考えたり、改善を目指したりするための貴重な財産になっている。

ニッチ自身は、その手法をもっと学びたい、と大学院に博物館教育の研究ができる場所を選び、2020年7月現在、「移動プラネタリウムの意義」を研究テーマに、プラネタリウムを体験した人たちへのインタビュー調査を続けている。その研究から、私たちの活動のあらたな側面が紹介されることになるだろう。そして、きっと、ニッチ自身の将来にわたっての、人とのつながりという財産をいつまでも残すことになるだろう。

★ほっておけないことを仕事に

自身の学生時代を振り返ったとき、夢中でやっていたことごとのすべては、ほとんど自分のためだった。ボランティア活動をするという意識もほとんどなかった。だから、こんな風に、子どもたちのために、誰かのために、という意識を持ち、社会との接点を見いだして活動する学生たちに、感動と希望をもらう。

私は、いくつかの大学の講義を受け持っているが、キャリア教育の一環で話をするとき、「自分が好きなこと、あるいは、ほっておけないことを仕事にしよう」と話す。自分の気持ちが動くものと、社会のニーズとの接点に、必ず自分の仕事はある、と。社会のほとんどすべては、誰かの仕事によってつくられている。そして、どんな仕事であれ、直接的・間接的に関わらず、必ず、誰かの手に渡っていくのだ。そこに、「想い」が込められているか否か？　それは、社会のありようを必ず変えていく。

こうやって、星つむぎの村に関わってくれている若い力と感性が、出逢いと共有体験を糧《かて》に、次の時代にも、そしてその次の時代にも、よりよいものに変換されて続いてゆくことを心から願う。そのとき、社会の時間スケールをはるかに超える星の存在は、やはり私たちにある安心感を与えてくれるように思うのだ。

7　つながるいのち

再び若い力

★不思議な出逢い

「地球が生まれて46億年、いのちがはぐくまれて38億年、いのちのリレーは一度も途絶えることなく、今、私たち一人ひとりにすべてがつながっています」というようなセリフをよくプラネタリウムで語る。私たちは、そんな壮大な宇宙と地球の物語の時間的な「果て」にいて、その後に続くいのちのバトンを引き継いでゆく。

そのバトンは、何も生物学的な遺伝子によるものだけではない。人間は、文化的遺伝子（ミーム）を引き継ぐ生き物だ。言葉や絵や音楽、体全体、その人のありようそのもの……さまざまな表現が誰かに受け渡され、互いに影響し合いながらそれぞれの人生の物語をつくりだす存在。その物語は、今、この現実でおこっている事実や、目に見えているものだけでは、到底説明しきれないことも多い。それらが精神性（スピリチュアル）という言葉で語られるとき、ともすると、「怪しいもの」「危険なもの」ととらえられがちである。かくいう私も、科学的な論理性からはずれたものを盲目的に信じたりすることはしないように心がけているし、心惹《ひ》かれることもあまりない。

けれども、多くの出逢いの中で、「ああ、こんな不思議なことがほんとうにあるのか」

椎名誠

旅の窓から
でっかい空を
ながめる

この道を
どこまでも
行くんだ

旅先で
一息つく
幸せな時間――

自然と
人々への
讃歌――

《好評フォトエッセイ》
各巻定価：本体 1600円＋税

と思わせてもらえる場面がしばしばある。もちろん、科学的に説明できることでは到底ない。けれども、その人にとっては、ほんとうのこと。

その物語の一つが、「ひなたちゃんと椿太郎《しゅんたろう》」の出逢いだ。ひなたちゃんと椿太郎は、直接、生身の体としては出逢っていない。でも、出逢ったのだろうという確信が椿太郎にはあって、それに気づくきっかけは、それまで椿太郎の存在も知らなかった私がFacebookにアップしたひなたちゃんについての文章（4章）と写真だったのだ。

2017年10月7日、知らない方からメッセージをいただいた。

「はじめまして。9月26日の投稿を拝読しました。島根で高校美術を教えています高橋《たかはし》恭子《きょうこ》と申します。ちょうど今年の読書感想画の指定図書として『人はなぜ星を見上げるのか』を学校の図書館で借りた直後で、不思議なご縁を感じつつ、メッセージさせて頂いています。私の息子、高3アスリートでしたが、6月に急に脳の病気で倒れ、先日2度の開頭手術を受けました。生死をさまよいましたが、何とか生還し25日からリハビリを始めるまでに回復しました。けれど残念なことに言葉を失いました。視覚の半分も。そんなときにひなたちゃんについての投稿を目にしました。

偶然ですが息子は写真が大好きで、特に星野道夫《ほしのみちお》さんのファンで、去年元気なとき濁川《にごりかわ》先生※1の講演会に東京まで行ったりしています。病室ではたくさんの写真集とともに時間を過ごしています。ベッドサイドで髙橋真理子さんの本を音読しながらこみ上げてくるものがあって、息子とともに訳もなく泣いたりしています。泣くと言っても悲しいからじゃありません。こんな豊かな時間を過ごせるのも、きっと星空や宇宙や地球や今という時間のおかげだと。まだ全部読み終えていませんが、じっくりすこしずつ大切に言葉を超えた世界を伝えるために、私自身が星とともに自然とともに豊かに生きたいと考えています。うまく表現できませんが、いつか息子とともにお目にかかることができればと、祈りと願いを込めてメッセージ、リクエストさせて頂きました。これからどうぞよろしくおねがいします。」

高橋という苗字、自分の息子と同じ年齢。星野道夫さん、そしてひなたちゃん。気持ちがざわつかないわけがなかった。近い将来必ず会いましょう、という趣旨の返事をすぐに送った。

10月21日、その日の夕方に、香川県さぬき市で行われる星空コンサートに向かうため、ピアニストの太田美保《おおたみほ》さんと羽田空港の出発を待っているとき、恭子さんから「今日のコンサートにいけないかと考えている」というメールが届く。「まさか!」。最初のメッセージをもらって2週間、椿太郎は、言葉を思い出していくリハビリを始めていたころだった。記憶が断片的によみがえってくるので、さらに混乱中……とも。もちろん入院中である。

太田美保さんと椿太郎と。三人のためのコンサートの後で。

その週末、台風が近づき、さぬき市の望遠鏡博物館のある場所まで行く山道は、大雨で真っ白で、そこがどんな場所であるのかまったくわからない状態だった。そんな中にあっても、夕方からはじまったコンサートには、100人近い方々がいらしていた。

コンサートの間、それらしい家族がいないかとずっと会場を気にしていたが、すぐにはわからなかった。そしてコンサートが終わったとき、会場である体育館の入り口にたたずむ三人組が目に飛び込んできた。「病院の許可が出たのがお昼で、そこから雨風の中、運転してきたのだけれど、6時間かかっちゃって」。お母さんの恭子さんと、椿太郎とお姉さん。すらりと背の高い椿太郎を見上げるようにして、握手をする。そのとき、椿太郎が唯一しゃべれた言葉は、「はい」と「ありがとうございます」だった。

会場では、主催者の方々が、音響設備なども片づけに入るところだった。「すみません、なんとか片づけないでください」と頼みこみ、観客三人だけのプチコンサートがはじまった。言葉がわからないから、本を見るのは苦痛だったが、星野道夫さんの写真だけは飽くことなく見続けていた椿太郎。いつか一緒にアラスカに行こう、とオーロラの映像を見せた。椿太郎は、その場で号泣し、肩をだくお姉ちゃんも、後ろから必死に動画をとる恭子さんも、みんなそれぞれが違う涙を流していた。

「いまだに夢のようです。言葉を失うことで、何か別の感覚を得た椿太郎は帰りの車の中でぽつりぽつりぽつりと、もっと　いいひとに　なりたい。よく　生きたい　というようなことを……」というメッセージが帰り際に届いた。

台風の中を6時間運転してきた恭子さんは、「どうやら椿太郎はひなたちゃんに会っている」という確信をもっていた。

「9月13日が椿太郎の1回目の手術日でした。8時間以上の長い開頭手術を経てICUであえたのが夜中で、目覚めたのは次の朝でした。手術は成功したと告げられましたが、その後出血が始まっていた。それまで『イタイ、ハヤク、オネガイ』と言葉が出ていたのに、14日の夕方、『ゲンカイ』という言葉を最後に、昏睡《こんすい》状態に入りました。15日からはおそらく宙をさまよっていたのだと思います。医師はそのとき、寝ることが一番の回復への道だと……出血し続けていることを疑いませんでした。私は、一瞬たりとも離れたくないという本能的な感情で24時間つきっきりで見守りましたが、21日まで、椿太郎が出血に耐え孤独に戦っていたのだと思うと、今でも胸が締め付けられます。

21日の2回目の手術の時は、もう助からないと思いましたが、出血の部分も固まっていて丸ごと摘出できたという幸運。そのあとすこしずつ意識が回復していき、なんとかおちついてきた26日に真理子さんのきらきら星に出会った、そしてひなたちゃんのことを知ったのです※2。

そのあとリハビリできるようになり、しばらくして、椿太郎のほうから、「眠っているとき3歳の女の子と会った、前から友達だったような気がする、いっしょにがんばってきたのに……」みたいなことを言ってきて、あれ???っておもったのですが、きっとリハビリルームの子どものことかな、なんて思っていたのです。けれども、それはひなたちゃんのことだった。9月15日に、ひなたちゃんが星になったと聞いて、それはもう信じるしか……」

★星に結ばれて

椿太郎は、陸上で鍛えたその体と、強い精神性、もともと持っている自然に対する感性などに支えられ、周囲が驚くばかりの回復を見せ、「高次脳機能障害」を抱えながらも、

大和夫妻、椿太郎、恭子さん、星つむぎの村の仲間たちが、島根に集結。

しゃべり言葉でのコミュニケーションも、自分で文章を書くということも、そして、陸上の全国大会で優勝するということさえやりとげた、とんでもない努力家だ。

椿太郎にはじめて出逢ってからちょうど1年たった2018年10月、椿太郎が倒れたときに担ぎ込まれた病院に、「病院がプラネタリウム」として出張する機会をもらった。恭子さんにとっても、椿太郎にとっても、相当つらい思い出のある病院である。けれども、ぜひ手伝いたい、という申し出をしてくれた。この機会が、また椿太郎の未来につながりますように、という思いがもちろんあった。それは、ひなたちゃんの両親である大和《やまと》夫妻も同じ気持ちで、新潟から出雲《いずも》までかけつけてくれた。

そうやって、大和夫妻と椿太郎が一緒に手伝ってくれるプラネタリウムが実現した。そこには、出雲出身で、「大府《おおぶ》みんなでプラネタリウム」の仕掛け人の森山さんの力添えもあった。ひなたちゃんが一緒に見てくれたプラネタリウムのときもいてくれて、椿太郎のこともインターネットを通じて応援してきた黒井さんも集結。

その夜は、大和さんたちがもってきてくれたひなたちゃんの写真を一緒に見て、そして、ひなたちゃんのことをたくさん聞く時間になった。椿太郎は、自分が生死をさまよっていたときに会ったのは、「ほんとうに、ひなたちゃんだった」とつぶやいた。

「マダオワラナイ」　島根県立宍道《しんじ》高校　高橋椿太郎

みなさんは、涙が枯れるまで、ないたことはありますか？　疲れはてるまで泣いたことはありますか？　僕はこの一年間で人生分の涙を流しました。僕は中学生のときから、陸上に熱中していました。長距離がすごく好きで、高校進学も、駅伝が強い学校を選びました。苦しいときもたくさんありました。でも、そんな時に助けてくれる仲間がいました。練習で着いていけないときも背中をおしてくれる仲間がいました。チームの目標は「全国駅伝で入賞。」高い目標なので、みんな全力。一分一秒を必死に走っていました。僕はこんなチームが大好きでした。

しかし、突然僕の目標は途絶えました。高校三年生6月。最後の駅伝の三ヶ月前。頭が痛くなり、一歩歩いたら意識が飛びました。結果、「脳動静脈奇形《のうどうじようみやくきけい》」という十万人に一人の脳の病気が見つかったのです。ドクターストップになり走れなくなりました。「いままで駅伝のために走ってきたのに」「仲間になんていえばいいのか」「死んでもいいから走らせて」「お願いだから走らせてくれ」毎日泣きました。そんなときでもチームメイトは、「俺《おれ》らが頑張って全国連れて（いって）あげる」と言ってくれました。嬉しかった。でも自分は走れない。悔しくて、悲しくて、苦しくて、朝から晩まで毎日泣きました。

8月末再度容態が悪くなり痙攣《けいれん》が続き全身麻痺《まひ》でうごけなくなりました。結局9月13日、脳の手術をすることになりました。手術は成功と思われましたが、術後出血をおこし昏睡状態に陥りました。家族は死を覚悟したといいます。一週間後2回目の手術に臨みました。集中治療室で目覚めたときは言葉がわからなくなっていました。自分の名前もなにもかもわからない状態でした。そして、右の視野もなくなりました。走る事はおろか日常生活は普通にできない障害者になりました。すべてがオワッタ。とおもいました。

絶望のなかで助けてくれたのは、三歳の女の子、ひなたちゃんでした。ひなたちゃんはがんで闘病中でした。ぼくとひなたちゃんは手術前から一緒に頑張ろうと誓った友達でした。

しかし、僕が昏睡状態のまっただなかの9月15日、ひなたちゃんはもう二度と会うことができなくなりました。でも僕は、生きてしまった。何ともいえない現実です。言語障害なので、しばらくその悲しい現状が理解できなかった。母は毎日のように「ひなたちゃんの分も生きろ」といい続けました。僕は手術から一ヶ月後に理解しました。苦しかった。初めて命の重さを知りました。「僕はひなたちゃんを背負っているんだ」と思うようになりました。生きたかった人のためにも大切な時間を生きると心に刻みました。

それからは、僕にはなにができるのか必死に考えました。まずは高校を卒業して助けてくれた人に恩返しをしたいとおもいました。それが僕にとって出来る事だと思い、毎日必死にリハビリし復学をしました。後遺症のせいで授業はまったくわからず劣等感もありましたが、授業に出る事に意味があると自分に言い聞かせました。

しかし、卒業真近「卒業式はでることができない」と先生にいわれました。僕の唯一の希望は皆といっしょに卒業式に参列することでした。それすらできなかった。先生が言うのは「単位」や「数字」ばかり。僕がいって欲しかったのは「よくがんばった」それだけなのに。どんな気持ちで登校してきたのか何もわかってはくれませんでした。僕の努力の糸は切れ、初めて不登校になりました。カオスな経験を乗り越えてきたのに、なにも認めてもらえなかった。いろんな感情が溢れてきて、泣いて、泣いて、泣きまくりました。でもなぜか、涙が枯れると、勇気がわいてきました。

大切なものを失った。でも、今、生きている。ひなたちゃんのように、その涙にはもう触れることが出来ないひとがたくさんいる。ひなたちゃんの家族や友人のように、何リットルの涙を流したのかは計りしれない。どん底になっても、涙を流せることはすばらしいことだと思いました。それが生きるということ。

今、僕の目標は「定通全国大会※3で優勝すること」です。今でも後遺症により失ったものはたくさんあります。学力はリセットされたし、視野も狭まって、おしまいにはフラッシュバックで過呼吸になることが多々あります。後遺症と日々戦っています。でも諦《あきら》めない。オワリタクナイ。沢山《たくさん》の人が助けてくれたからやりきること。僕が涙を流した分、嬉し涙で恩返しすること。それが、今僕にできることとです。僕の走りで少しでも、みんなの幸せや力になるために努力します。涙を流し苦しさや辛さを経験する。大好きなことがあれば決してあきらめずやり抜くこと。だからこそ、僕の高校生はマダオワラナイ。

椿太郎はその後、高校5年生を経験し、そこで出逢った友達と、居場所のない高校生たちの学びの場となるカフェを開く。そして、試験という大きな壁をも乗り越えて、2020年の春、大学生としてまたあらたな人生に向き合っている。大和さんたちにとっても、私にとっても、そして、彼に出逢ってきた多くの若い人たちにとっても、椿太郎の生き方は、「希望」という二文字がぴったりである。そして、小さなひなたちゃんは、ニコニコと星となって輝き、椿太郎の生き方を見守っている。

※1　濁川孝志。『星野道夫　永遠（とわ）の祈り――共生の未来を目指して』（発行：でくのぼう出版、発売：星雲社、２０１９）の著者。

※2　4章で紹介したFacebookの投稿文。

※3　全国高等学校定時制通信制体育大会（陸上競技大会）。

8　ありのままの自分であること

藤田一家のこと

★おひつじ座のキミ

日本の中でも最大規模の子ども病院である、国立成育医療研究センターの横にある「もみじの家」（東京都世田谷区）は、長期療養の子どもたちとその家族のための施設。２０１９年4月29日、「もみじの家」の３周年記念イベントに、７ｍドームをもってうかがった。1日で9回、野田さんと交代で投影した。プラネタリウム以外の活動も、それぞれにゆっくりと十分楽しんでもらえるように、との主催者の配慮により、１回あたりの投影で入ってくる家族は2、３家族。なので、どの家族も寝転がったり、ストレッチャーに寄り添っていたり、好きな姿勢で見てもらうことができた。そして人数が少ないので、毎回、入る子どもたちの名前を聞き、お誕生日の確認もさせてもらっていた。名前を呼び、お誕生日星座を一緒に見るためだ。

プラネタリウムと並行して、「星座カード」のワークショップも行っていた。お誕生日星座、つまり黄道《こうどう》12星座が描かれたカードの色をぬり、デコレーションしてパウチをしてできあがり、というワークである。

いつのころからか、星つむぎの村のプラネタリウムにとって「誕生日」というのは、重

もみじの家のイベントで。星座カードのワークショップを行っていた。

要なキーワードになっていた。それは、どんな人にでも誕生日があり、宇宙のはじまりは、いわば、宇宙のあらゆるものの共通の誕生日ともいえるから。そして、誰もが自分の星座を持っている。星占いを信じるかどうかはまったく別のことがらとして、黄道12星座（および12宮）は、占星術《せんせいじゅつ》の数千年の歴史とともにあるものだ。誕生日といえば、たいていは「お祝い」だ。子どもの誕生日となればなおさらのこと。けれども、重い病気を持つ子どもの親にとって、そんなに単純なものでもないことを思い知らされたできごとがあった。

藤田さん一家は5人家族。お父さんの康弘《やすひろ》さん、お母さんの優子《ゆうこ》さん、唯《ゆい》ちゃんと一樹《いっき》くんと湊《みなと》くん。一樹くんは、重い障害を持っている。一樹くんの3歳のお誕生日が4月にあって、その後のこのイベントに、「お姉ちゃんがちょっとでも楽しめればいいか」という思いで参加した藤田さんたちだったが、彼らにとっても、私たちにとっても、素晴らしい出逢いの最初であった。

その後いただいた想いあふれる長いメールより。

「私の息子、一樹は、七夕《たなばた》がお誕生日になるはずでした。今まででいちばん特別な七夕を、大きなおなかでとても楽しみにしていました。でも、突然で思いがけない、まるで交通事故のような出来事があって、一樹はおひつじ座になってしまいました。

たくさんのチューブに繋《つな》がれた小さな小さな体には大きな障害が残ることがわかったのが、ちょうど本当ならお誕生日になるはずだった、七夕の頃でした。

NICUの前にも大きな笹《ささ》の葉があって、たくさんの願い事がぶら下がっていました。私も短冊を渡されましたが、その短冊に、一樹が歩けますように、とは書きたくなくて、そんなことを書くはずじゃなかったのに、と思うと悔《くや》しくて切なくて、何枚も何枚も短冊を無駄にしたけど結局願い事は書けなくて、たくさんのぐちゃぐちゃになった短冊を家に帰って泣きながら捨てたこと、今でもよく覚えています。

以来、私は七夕が大嫌いになりました。

ずっと後になって星占いを見ていた夫が、そういえば一樹はなに座なんだろう？　と調べて一樹はおひつじ座なんだと知りましたが、私は一樹をおひつじ座にしてしまったことが申し訳なくて悲しくて、ほんとはおひつじ座じゃなかったはずなんだけどなぁ、と星占いを見るたびに、胸がチクチクしていました。

おひつじ座も星占いも、大嫌いになりました。

だから成育のプラネタリウムの前で跡部《あとべ》先生にキミはなに座かな？　と尋《たず》ねられたとき、やっぱり胸がチクチクしながら『この子はおひつじ座です』と答えたんです。ほんとは七夕生まれだったんだけど、と思いながら。

すると

お！　おひつじ座！　おひつじ座っていうのはね……

跡部先生はとてもイキイキとおひつじ座の話をしてくださって、初めて聞くおひつじ座の金毛《きんもう》の羽のお話はとても素敵で、かっこよくて。

そして最後に、『おひつじ座のキミにはそんな力があるんだよ！』って声をかけてもらったことが、私は嬉《うれ》しくてうれしくて、もうそれだけで胸がいっぱいでした。

記念となったおひつじ座のカード。
きみはそらをとべるんだよ！

そして始まったプラネタリウムで、一樹と一緒に寝っ転がって目を瞑《つむ》り、数をかぞえ……満天の星空に包み込まれた瞬間、あとからあとから涙が溢《あふ》れて、止まりませんでした。

日々の悔しいこと苦しいこと、不安なこと、一樹の病気も障害も、全部がとてもちっぽけなことに思えて……そんなことより今こうやって家族でごろんと寝っ転がって星を見ていることがものすごく幸せなことに思えて……

髙橋さんが語ってくださった『みんなひとつ自分の星座をもっているんだよ。お誕生日の日は自分の星は見えないけれど、一番大きな光でみんなを照らしてるんだよ、お誕生日ってそういう日なんだよ』というお話。どの子もみんな順番に、誰かに光をもらって輝いたり他の誰かを照らしたりしているんだなぁと思うと、一樹がとても大切な存在に思え、一樹だけじゃなくて、娘も、チビも、自分自身のことも、とても愛《いと》おしい存在に思えて、宇宙のなかで、本当はみんなおんなじ誕生日の兄弟なんだよっておっしゃった言葉が深く胸にしみこんできました。

私は毎年、一樹の誕生日に何を祝ったらいいのかわからなくて苦しかったけれど、誕生日を祝う意味がとてもストンと納得できて、長い間つかえていたものがスーっと楽になった気がします。

一樹の体は病院で必死に治療をしてもらっているし、在宅の体制は行政や福祉、社会にたくさんサポートしていただいていますが、こういう『七夕生まれのはずだった』なんていうような母のセンチメンタルは、それとは次元が違う話なので自分でなんとかするしかありません。

考えないようにしてやり過ごしたり、ぐちぐち言ってみたり、落とし所を探しつつ、やっぱり気持ちが落ち込んだり、諦《あきら》めたり。家族ですら付き合いきれないようなグズグスは、胸の奥底でずっとトグロを巻いています。

だからあの日思いがけずその大きなわだかまりをひとつ、しゅわしゅわあぶくにしていただいて、本当に本当に嬉しかったのです。おひつじ座の一樹がなんだか誇らしくなりました。」

★どうしても星が見たい

川の字に寝そべって親子で星を見上げた藤田さんたち。この一瞬の出来事で、彼らは、「そうだ、本物の星を見に行こう」と思い立った。一樹くんが生まれてから3年間、旅行をするという概念を自ら消し去り、何かを楽しみに待つことをしたらできないときに悲しくなるから期待しない、という自己防衛の術を身につけていた彼らが。「どうしても星を見たい」と、プラネタリウムの日から1週間、「星を見に行く」目標のために必死に準備に準備を重ね、はじめての家族旅行を果たしたのだ。その行き先は、毎年、ゴールデンウイーク中に行っている「星空縁日」という星つむぎの村のイベントだった。

「八ヶ岳から帰ってきて、一樹は熱を出しました。でも、たとえそのまま一樹が戻ってこなくても、私も夫も自信をもって、これでよかったと言えたと思います。『だって一緒に星を見に行ってこれたんだもん』と。それくらいかけがえのない時間を過ごすきっかけを与え、導いてくださったこと、そして迎えてくださったこと、感謝してもしきれません。」

たった1回の体験が、彼らを初の家族旅行に向かわせ、そして、その後のさまざまなアクションにつながってゆく。一樹くんのお姉ちゃんの唯ちゃんと優子さんは、ピアノの発表会で「たなばたさま」を弾いた。花火大会にも行った。海にも行った。そして半年たって、一家そろって星つむぎの村の「村人」になった。以下は、その際の自己紹介文である。

「我が家には重い障害のある3歳の息子がいます。息子が生まれてからの3年は、とにかく息子を死なせないように、『在宅の体制を整えること』に必死で暮らしていました。そうして3年が経《た》ち、我が家の在宅医療や療育の体制はずいぶん整い、私の『重心児（重症心身障害児）の母』としてのスキルも少しずつ上がっていきました。

でも、気がついたら、私たち家族は、病院と療育以外、どこにも行くところがなくなっていました。在宅の体制を整える、ということはつまり、これは『健常者の社会』から、『障害者の社会』へ、家族ぐるみで社会の引越しをしているんだということに気付き、愕《がく》然《ぜん》としました。

体制が整えば整うほど元いた社会が遠くなり、支援されればされるほど孤独になる、という中でどうしたらいいのかわからなくなってしまいました。

そんな頃、成育医療センターもみじの家のイベントで、『星つむぎの村』のプラネタリウムと出会いました。

息子と寝っ転がって星を見ながら、涙が止まりませんでした。

『すべての人に星空を』

という言葉は、私たち家族がこの3年間で出会ったことのない、まったく次元の違う支援の形でした。この言葉に、そして夜空の星たちに、私たち家族は、もう一度自分の力で社会につながっていきたいと思い、行動するエネルギーをたくさんいただいています。

『一緒に星を見ようよ』って言ってもらえたこと、こんなに明確に当たり前に、社会はひとつだ、世界はひとつなんだ、みんなこの星に生きてるんだよ、と言ってもらえたことは、何にも代え難い希望です。」

そして、ご自宅で大勢の仲間を呼んでプラネタリウムを楽しむという主体者になっていく（11章）のである。

9　おわりははじまり

フライングプラネタリウム

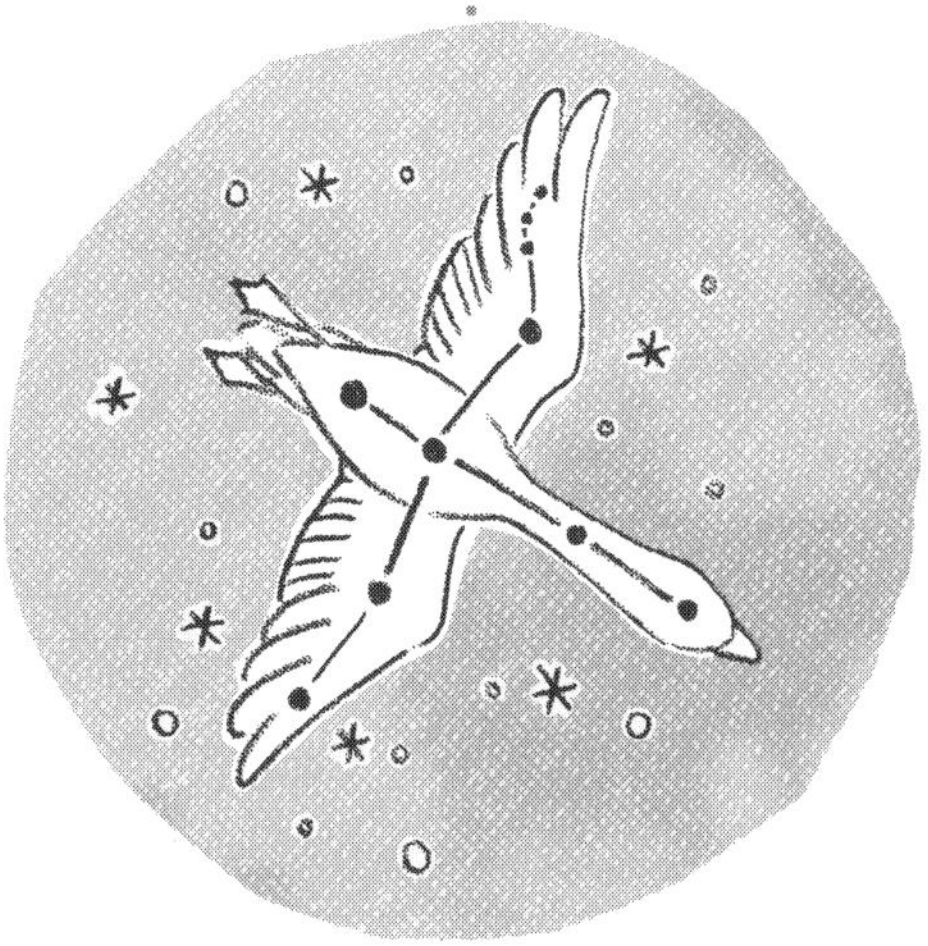

★間に合わなかった経験

2016年1月、福島の病院の看護師さんからメールが入った。彼女は、その前の年に、「小児血液・がん学会」で私たちのプラネタリウムを体験してくださっていた方だった。

「実は、プラネタリウムを見せてあげたい子がいます。現在入院中で、昨日、治療はもう困難であることを告げられました。星が大好きで、メイク・ア・ウィッシュで天体望遠鏡を頂きましたが、一度も使うことがなくいます」

いてもたってもいられない気持ちになった。ご両親にも相談する前の話で、ほんとに来てくれるかどうかという問い合わせだった。その後、何度もメールのやりとりをしながら、最初のメールから8日後にうかがえるよう調整をした。ところが、機材も発送したそのあとに、彼の病状が悪化、とてもプラネタリウムができる状態ではなくなってしまったという連絡をいただいた。せめてあと3日早く行くようにしていれば。がんばれば日帰りだってできたのに。会ったこともないYくんを思い、申し訳なくて申し訳なくて、鉛のようなものがのどにつまった。

せめてご両親にだけでも、と動画をつくって送ったが、それから数日で彼は星になってしまった。Yくんのお誕生日の星空を描いたカードや、友達が書いてくれたお誕生日の星座が書かれた絵なども送ったが、思えば、自分自身の心に鉛のような重さが残り、その処理をどうしたらよいかわからない自分勝手なことであったとも思う。

ずっとやりとりさせてもらっていた看護師さんには、「大好きな空へ旅立って、星をたくさん見ていると思います」と、こちらが慰《なぐさ》めてもらってしまう始末でもあった。

Yくんのお父さまとは、その後、何度か短いメールをやりとりさせていただき、お母さまと一緒に星を見上げながら、Yくんの話をしている、ということもお聞きした。

今後、こんなときにどうすればよいのか？　と考えた。それからしばらくして、山梨在住で、マルチなエンジニアであり、プログラマーであり、星空解説もしている高尾徹《たかおとおる》さんと話をする機会があった。高尾さんとは長いつきあい。お互い性格はだいぶ違うけれど、でも、将来やってみたいことを想像し始めるととまらず、あれができたらいいね、これができたらいいねという話をよくしていて、そのころの話題は、実際の星空を撮影してネットで送り、それを病室の天井に映し出すということだった。つまり星空のライブ中継。

これがうまくいったら、都会にいながらにして、たった今、頭の上にあるはずの満天の星空で解説をすることだってできるかもしれない。プラネタリウムという機械がいらなくなるかもしれない、なんていう話をしていた。高尾さんはなんでも自分で調べて、自分で機材を見つけ、自分で設計し、製作をする。リアルタイムの星空をきれいに映すには、かなり高額なビデオカメラが必要で、それをレンタルして試してみるところまでやっていた。

一方、ネットを通じてプラネタリウムの映像と音声を届けられれば、急いでいるときだったらプロジェクターだけ送って、ライブで話をすることだってできる。実際の星空でなくても、いつも投影しているプラネタリウムの映像をネットで届ければいいのだということを思いついた。PC上にある画像をネット配信するだけだったら、市販の機材をつかってそんなに大きな金額をかけずにできる。2017年の春には試験してみたい、という話を高尾さんにしていた。他にも急いでやってもらいたい仕事があり、何度かメールを送っていたが、いつも迅速《じんそく》に返事をくれる高尾さんからなかなか返事がない。どうしたのかなと思っていたら、彼の身の上には大変なことが起きていた。大きな病気と直面することになったのである。ふだん、病院に出かけていっているくせに、こうやって仕事を一緒にしている身近な人がいざそういう立場になると、うろたえてしまう。自分ができることはとても少なかった。

彼がほぼ快復し、再び一緒に仕事をするようになってからまただいぶ時間がたったとき、「病室の天井ほど怖いものはない。夜、暗くなって、金属質の天井に、自分が映りこむ。まるで自分の魂が上から自分を見ているような感覚にさえなった」とポツリと話してくれ

天井にはエアコンや蛍光灯などがあるが、構わずに星を映す。

たことがあった。そんなことを感じているかもしれない人のところに自分は出向いているのだなぁ、と胸がずきんとした。

2018年、高尾さんが自宅である程度仕事ができるようになり、ネット配信の実施に向けてまた動きだすことができた。ちょうど、星つむぎの村の共同代表である跡部《あとべ》さんが、教職を退き星つむぎの村の専属スタッフになったころでもあり、このネット配信のネーミングを「フライングプラネタリウム」として、本格的に動き出そうとしていた。

★甲府から岡崎へ初のフライングプラネタリウム

春から秋にかけて、星つむぎの村のメンバーに何度か試写体験をしてもらい、そろそろ本番……と思っていた2018年10月。愛知県大府《おおぶ》市で、「みんなでプラネタリウム」というイベントが開催された。大府市内で、弱い立場にある人に寄り添う人、地域の包括ケアに取り組む看護師さん、学校教員、学童保育の職員、そのほか多くの熱い想いを持つ人たちが実行委員となって、平日の午前中から夜まで14回投影、600人もの人たちが集まった。プラネタリウムというものが地域づくりにコミットしていくそのプロセスを見せてもらえたような、貴重な経験だった。

その打ち上げ会の際、実行委員の一人の川北祥子《かわきたさちこ》さんから、「母親は星が大好きで、このプラネタリウムをとても楽しみにしていたのだけれど、体調整わず断念した」という話を聞いた。お母さんは、がんを患《わずら》い入院中だったのだ。「じゃあ、フライングプラネタリウムやりましょう」と、その場で提案した。そのときは1ヶ月後ぐらいにできたらいいかな、という話だったが、その後、お母さんの主治医から、少し厳しい話を聞き、リハーサルと思っていた日に急遽《きゅうきょ》本番をすることになった。

プロジェクターもパソコンもネット環境もＷｉ－Ｆｉも手元にあるものでそろえてもらい、「大府みんなでプラネタリウム」の実行委員たちは、その病室を暗くするための遮光《しゃこう》作業を素早く行う。特に天井投影用の特別仕様ではないプロジェクターだったので、天井に映されている星は、視界いっぱいというわけにはいかなかったが、それでも、お母さんは星座一つひとつをしっかり指でたどり、星座の名前を反芻《はんすう》し、１時間近くのプラネタリウムを、祥子さんと仲間とともに楽しんだ。宇宙から地球に戻った最後に、祥子さんのお誕生日の星空をだし、「お母さん、さっちゃんを産んでくれてありがとう」と語った。

その夜、祥子さんからメールが届く。

「母はとても喜んで、大好きな星座が出てくると小さな声で『白鳥座』『オリオン座』とつぶやき、オーロラの映像では『綺麗《きれい》～　素敵やね～　一度行ってみたい、、』と嬉《うれ》しそうに見ていました。私の誕生日の星空を眺《なが》めて目を細め、真理子さんの言葉に顔を覆《おお》い、涙していました。本当にこころ温まる素晴らしいプラネタリウムに、私も私の家族もとても癒《いや》され、沢山《たくさん》のパワーをいただきました。このプラネタリウムの8時間前に母は主治医より病状の説明を受けました。もう抗がん治療は望めないこと、緩和ケアのある病院に転院をする準備をすること。もう一度元気になって太極拳をしたり、旅行をしたりするために抗がん治療を頑張るんだ！　と張り切っていた母にとって辛い辛い宣告でした。そんな状況の中でのプラネタリウムでしたが、、終わった時に母は来年の大府のプラネタリウムにはみんなと一緒に観に行きたい、山梨にも行ってみたい、と前向きなことを沢山話していました。入院してから、大好きな空を見上げる余裕もなかった母ですが、このプラネタリウムが、大好きな星空のことを思い出させてくれたと思います。母の調子の良い時は一緒に空を眺める時間を持とうと思っています。このような素晴らしい機会をいただけた事に心より感謝です。」

さらに翌日にもまたメールが。

「昨日病室に行くと、母は一昨日《おととい》より笑顔で、プラネタリウムが本当に素敵だったと何度も言ってくれました。昨日病室に来る見舞いの親戚、看護師さん、リハビリの担当の方、主治医、みんなにもれなく母のプラネタリウムレクチャーがありました。『素敵な時間』『もったいないくらいの嬉しい時間』。そんな言葉を何度も繰り返しています。そしてそれを話す母はまるでまだそこに星空があるかのように天井を見つめていました。母は畑仕事が大好きで、近所の農家から一反《いったん》の畑を借りて夏は早朝まだ星の残る頃から畑仕事を始めます。そして暑い時間を避けて夕方は暗くなる頃まで、星を眺めながら帰るというのが日課でした。元気になってもう一度畑から星を見たい。山の方に行って星空を眺めたい。大府のプラネタリウムも見たい！　そんなことを言っています。プラネタリウムのおかげで、沢山の希望を頂いたなと、、感謝の気持ちでいっぱいです。母の余命が分かった時、１分１秒でも母が笑顔でいられるように何ができるかなと考えました。そんな母に、大好きな星のプレゼントを星つむぎの村の皆さんにしていただけた事に本当に感謝です。自分一人ではとてもしてあげられないプレゼントだったので。

祥子さんとお母さんのいる病室に、駆けつけた「みんなでプラネタリウム」の仲間たち。

そして、当日の昼過ぎにチョクさん（実行委員長の松下さん）が『岡崎行くよ〜』と声をかけて、1時間もかかる岡崎まで大府から、豊橋から、東京からの帰りにわざわざかけつけてくれる『変な大府の仲間』にも本当に感謝です。」

「母にずっと、ありがとう、という言葉をかけたかったけれど、それを言ったら最期が来てしまうような気がして、なかなか言えなかった」という祥子さん。プラネタリウムを見たあとは、ごくごく自然にその言葉が唇からこぼれた、と。

　プラネタリウムからたった2週間で、お母さんは輝く星になった。

「母は先週木曜の夜に容態が急変、前日まで本当に元気だったので、私たちもまだ1ヶ月くらいの猶予《ゆうよ》があると思っていただけにびっくりでした。日付が変わる前までには近くに住む孫、ひ孫、婿《むこ》全員が駆けつけて母は一人ずつに「ありがとう」と別れを告げ、最後は父と私たち娘が母のベッドを囲み家族5人水入らずで歌を歌ったり、星の話をしたりしながら過ごしました。母が息をひきとった後、病室の窓から見える朝焼けが本当に綺麗《きれい》で、明《あ》けの明星《みょうじょう》が美しく輝き、その光を頼りに母が旅立った気がしました。本当に駆け足で旅立っていってしまいましたが、清々《すがすが》しい気持ちでもあります。もう痛みに苦しむ事もなく、母は宇宙へと帰っていっただけで、空を見上げればいつでも会える、とこんなにも思えるのも、星つむぎのプラネタリウムに出逢えたからだなと思います。」

人が旅立つ前に、こんなふうに星空とともに時間を過ごすことができたら、残された人と旅立った人の間には、星を通しての対話がきっと成り立つのだろうと思う。そのことにプラネタリウムが役立てるならば、こんなにありがたいことはない。

「本番」としてのはじめてのフライングプラネタリウムは、こんな素敵なご家族が最初の受け手になってくれたおかげで、会えなかったYくんの星が誰かを照らしてくれるような気持ちになった。

10 星つむぎの歌に導かれて

★星と人をつなぐ

「星つむぎの歌」は、私が山梨県立科学館にいたときに行った一大プロジェクトだった。現在、星つむぎの村の顧問にもなっていただいている詩人・作詞家の覚 和歌子《かく わかこ》さんとともに、「みんなで星を見上げ、そこで感じることを言葉にし、ともに歌をつくろう」と全国に呼びかけ、1フレーズずつ、公募と選定を繰り返し、一つの歌をつくりあげたものだ。

このプロジェクトの当初から、山梨県内最大メディアである、山日YBSグループさんが全面的に協力をしてくださっていた。新聞紙面には、毎回の公募記事が掲載され、何度も大きな特集記事を組んでもらったり、テレビでも取り上げてもらったりした。

そのとき、テレビ側で関わってくれていたディレクターの荻野弘樹《おぎのひろき》さんは、2章で紹介した永六輔《えいろくすけ》さんの番組のディレクターでもあり、商業主義に流されず、マスメディアの役割と「人としてよりよく生きたい」という願いとの接点のところで、大事なものを番組として表現できる人だ。そんな荻野さんとのつながりのおかげで、「病院がプラネタリウム」の活動を、2016年の「24時間テレビ」の山梨特集他、いろいろ取り上げてもらってきた。

その荻野さんの企画提案によって、２０１８年「日本のチカラ」という全国放送の番組で、私たちの活動を取り上げてもらえることになった。民間放送教育協会が主体となり、民放局の系列を越えて、よりよいドキュメンタリー番組を後世に残していくことを目的にした30分の番組である。荻野さんが起用したディレクターが、深澤賢吾《ふかさわけんご》さん。

深澤さんは、２０１４年に制作された、山梨県北杜市にある「あおぞら共和国」を特集した番組のディレクターでもあった。「あおぞら共和国」は2章でも紹介したように、「難病の子ども支援全国ネットワーク」の小林信秋《こばやしのぶあき》さんや多くの仲間が、人生をかけてつくりあげてきた難病の子どもとその家族のためのレスパイト施設である。重い障害を持つ当事者やその家族は、当たり前に社会の中で生きていくために、社会の制度や慣習、差別などと闘わざるを得ない状況が多々ある。小林さん自身もどれだけ悔しい思いを体験されてきたことだろう。けれど、声高《こわだか》に叫ぶでもなく、決してあきらめるでもない、小林さんの熱く温かいハートが伝わるような番組だった。その番組を制作した人、というだけで、こちらには安心感があった。

実は深澤さんは、ご自身が指定難病を持っている人である。球脊髄性筋萎縮症《きゅうせきずいせいきんいしゅくしょう》という、筋肉の萎縮が進行していく病気だ。この病気があってもなくても、深澤さんはきっと、あおぞら共和国の番組も、そして私たちのことを取り上げた番組も素敵につくりあげてくれたことだろう。けれども、「障害と向き合って生きるとはどういうことか」「共に生きる社会とは何か」という問いは、そのまま彼の当事者としての課題である故のまなざしが、確実に番組に反映されていたのだろうと思う。「ぼくはまだ、自分の病気のことと十分に向き合えていない。当事者の会もあるけれど、そういう会に行ったら受け入れざるを得ないような気がして、まだ怖くていけない」とも彼は語っていた。

番組のクルーは、若いころから星の写真を撮り続けて来たすご腕カメラマンの岡部《おかべ》さん、音声担当は20代ながら芯《しん》のある新埜《にいの》さん。新埜さんは、「きょうだい」児としての顔も持っている。何度も実施している国立甲府病院での子どもたちのプラネタリウムに入る前後の表情が顕著に変わる場面、毎年呼んでいただいている山梨県立あけぼの支援学校の子どもたちとの、ドーム内のなんとも幸せな「空気」。目に見えていないものまで含めて伝えているかのような映像は、やはり彼らの確実な実力に裏付けられたものなのだろう。

福岡県にある恵光園《けいこうえん》という障害者支援施設にプラネタリウムを導入した記念の日にも、撮影クルーは同行した。全国あちこちの病院や施設に、当たり前のようにプラネタリウムがあることを夢見ているが、恵光園は、初の「星つむぎの村の常設プラネタリウム」を持つ場所になった。恵光園は、「音楽療法」や「乗馬療法」などを、全国に先駆けて導入し

4ｍドームの中で、嬉しそうにする、るかちゃん。（提供：山梨放送）

た歴史を持つ場所でもあり、自然とともに、そして人として当たり前に生きていくことを、どんな人たちに対しても保障していくことを理念にした理想郷のようなところだ。

そこに機材を導入したことで、彼ら自身が星の語り手になっていくチャンスもあれば、時折、「フライングプラネタリウム」によって私の投影を定期的に体験してもらえるチャンスもできた。２０１８年９月、「日本のチカラ　出張！プラネタリウム〜星と人をつなぐ宙先《そらさき》案内人〜」が放映されたとき、「宙先案内人の夢」として「フライングプラネタリウム」は紹介された。

番組放映後、いたく感動してくださり、「今のつらい状況から光を見る思いがした」というコメントをくださった方や、支援者になってくださった方々など、多くの反響をいただいた。この番組は、翌年、

「科学技術映像祭」での優秀賞にも選ばれた。

★宙先案内人の夢

けれども、荻野さんも深澤さんも、まだまだ……と、さらに取材を増やして、1時間の特集番組への企画に情熱を傾けた。30分番組の中では十分に伝えられなかったことごとがあったからだ。

2019年1月の八ヶ岳での星つむぎの村の合宿、香河正真《かがわしょうま》くんへのフライングプラネタリウム、2月のスターラウンド八ヶ岳イベント、そして3月の「あおぞら共和国」の交流棟完成式典におけるプラネタリウムに、ひなたちゃんの両親である大和《やまと》夫妻が来てくれた時。それらは当然のことながら、テレビのために企画されたものでもなんでもないのだが、深澤さんの想いと、私たちの想いを、星空が見守ってくれていたと思えるようなタイミングや機会であった。

その成果は、ぜひ巻末につけた番組本編「YBSふるさとスペシャル　宙先案内人～星と人をつなぐ出張プラネタリウム～」※1を見ていただきたいのだが、しょうちゃんこと香河正真くんのことについて少し補足したい。

正真くんは最初の取材当時7歳。番組にもあるように冬は感染を避けて、3ヶ月から4

プラネタリウムを見るしょうちゃんとお母さん。（提供：山梨放送）

ヶ月、ほとんど外に出ない。初体験のフライングプラネタリウムに、素晴らしい笑顔を見せてくれた。そのとき、正真くんとご両親のためだけのプラネタリウムだったので、何度も「しょうちゃん」という名前を呼び、お誕生日の星空も見せた。お母さんから、後日、「正真は、お医者さんからは耳が聴こえないって言われているけど、姿が見えない髙橋さんが自分の名前を呼ぶたびに、確実に反応していた。だから、聴こえているんだってことが、確信になりました」と。フライングプラネタリウムは、直接顔をみて話ができないという点ではデメリットであるが、こんな思いがけない〝成果〟があることをまた教わることができた。

さらに1年たって、今度はしょうちゃんと、埼玉に住むそうちゃんという男の子のところに、「同時フライングプラネタリウム」を届けた。そうちゃんは日に目が見えなくなっている、と医師からは言われているという。そんなそうちゃんも、プラネタリウムが終わったあともずっと天井を不思議そうに星を探していた、とのこと。医学的な「できない」ことは、必ずしも、人間がもつ能力をそのまま表現することでは決してないことを、2組の親子が教えてくれている。また、しょうちゃんは、というと、久しぶりのプラネタリウムなのに、自分の星座であるおとめ座が出てきたとき、一番大きな声を出して喜んでいたという。

人のコミュニケーションは決して、言葉によるものだけではない。それを超えるところに、人の幸福感が多々ある。そんなことも、深澤さんのつくった番組は伝えてくれている。

★寄り添うとは

最初の取材を受けていた2018年夏、岩手県一関《いちのせき》で開催された「みちのく七夕《たなばた》キャンプ」（難病の子ども支援全国ネットワークおよび実行委員会で主催しているキャンプ）で、そのキャンプを実行委員長として長年けん引してきた堺武男《さかいたけお》先生のあらたな著書『限りないやさしさを求めて―「寄り添う医療」で子どもの「いのち」と向き合う』※2に触れた。医師としてここまで深く、患者とその家族の苦しみに向き合う人がいるのかと衝撃を受けた。『いのち』とは、単に物理的な命を示すだけではない。『いのち』とは、その人の歴史であり、未来であり、家族であり、生き方であり、友人であり、それらのすべてを含む関係を示している。」「『寄り添う』とは、『寄り添われる側が、寄り添われていると感じた時』に初めて、『寄り添う』という行為が成り立つものだと思っている。『私は寄り添っている』と思っているうちはただの思い込みでしかない。」

衝撃と感じた要因は、堺先生の言うところの「いのち」に向き合う姿勢の自分自身の足りなさだった。取材中に、そんな話も深澤さんにしたことがあったと思う。深澤さんは、時折、単独でカメラをまわすとき、つまりまわりに誰もいないときに、「髙橋さんにとって、寄り添うってどんなこと？」と聞いてきた。なんだろうなぁ、永遠の課題だなぁ……と言いながら、いつも適切な言葉が見つからない。それは、自分自身が、まだまだ誰かに寄り添えたというにはおこがましい感がずっとあるから。

しょうちゃんへのフライングプラネタリウムが終わったあと、深澤さんが再び問うてきた。その答えとしての言葉を私はまだもっていなかった。「わかったようにならないことかな」と答えた。それは、相手を自分の尺度の枠に入れない、ということでもあり、その人のありのままを受け入れるということでもあるかもしれない。

1時間の特別番組は、その後、日本民間放送連盟賞・青少年向け番組の優秀賞を獲得した。「人生の中で、こんなに人に褒《ほ》めてもらった体験ははじめて」と彼は言う。この番組が、彼にとっても、私たちの活動にとっても、大きなエネルギーになっていったことは確かなこと。深澤さんが今後、自身の難病とどう向き合っていくのか、は彼自身の課題であったとしても、私たちはどう「共に生きる社会」をつくれるのか、これは、病気や障害を持つ人のみならず、社会全体に等しい課題である。

「ぼくらは一人では生きてゆけない　泣きたくなったら思い出して　風に消えない願いのような　星の光でつむいだ歌を」深澤さんが番組を編集する間、耳にタコができるほど聞いたであろうフレーズ。星空を見上げ、簡単でない社会の課題をずっと問い続けていくことが、私たち一人ひとりができる小さなアクションなのだと信じたい。

※1　巻末のQRコードで2021年9月14日まで番組閲覧ができる。

※2　堺武男『限りないやさしさを求めて　「寄り添う医療」で子どもの「いのち」と向き合う』文藝春秋企画出版部、2018。

11 かけがえのない仲間と おうちで星を見る

★みんなで一緒に見るために

1年間の出張プラネタリウムの実施回数を見ると、夏前から加速度的に増え、その勢いは年明けまでなかなか止まらない。２０１９年にプラネタリウムを開催した日数を月ごとに見ていくと、4月から12月にかけて、5日、18日、12日、19日、21日、17日、16日、20日、18日……といった状況だ。

そんなわけで、4月のプラネタリウムを体験し、その後、八ケ岳に来てくれた藤田《ふじた》一家（8章）のお母さんである優子《ゆうこ》さんと、何度かメールをやりとりし、そのたびに胸にせまりくるものをいただきながらも、夏の忙しさにかまけてしばらくメールを書けないままになっていた。夏と秋が駆け足でめぐって、冬がやってくる。

10章の「しょうちゃん」のケースもあるように、難病や重い障害を持つ子どもたちや家族にとって、冬は、言葉どおり「冬ごもり」をしなくてはならない時期である。外に出れば感染症の脅威が待っているからだ。だから、冬にこそ、フライングプラネタリウムをやろうと思っていた。幸いにして、この年は、その活動のための助成金もいただいていた。

おうちにいる人たちに見てもらおう、そう思ったときに、ずっと心の片隅にあった藤田さんにメールを書いた。12月18日付。最後のメールから5ヶ月以上もたっていたのだけれど……藤田優子さんはなんとちょうどその日、私あての小包を発送していたのだった。

即座に返事があった。

「先ほど、メールを読んで、夫と、えー!! と、大声を上げてしまいました。ぜひぜひぜひぜひ、フライングプラネタリウム、やってみたいです。ぜひぜひぜひぜひぜひ、お願いしたいです。夢みたい。一緒に星を見たい人、たくさんいるんです。

自分の大好きな人には、星を見て欲しい。

しんどいひとには、星を見て欲しい。

頑張ってる人には、星を見て欲しい。

新しく出会った人には、星を見て欲しい。

今度一緒に星を見ようね!

があいさつのように、この半年、いろんな人と星を見る約束をしてきたので」と。

翌日届いた「星くず」と品名に書かれていた箱は、その5ヶ月間の想いをせつせつと書いた12枚にもおよぶ手紙と、手づくりのネックウォーマー、手袋、クジラのペンケース、お菓子、すべてが星デザインの「星の宝箱」だった。

ご無沙汰《ぶさた》していた秋の間、3歳の一樹《いっき》くんのリハビリ入院が8週間。そこで同じくリハビリ入院をしていて仲良くなった家族たちがいた。その入院の間も、「ずっと星に背中を押してもらっていた」優子さんたちは、ことあるごとにその家族たちに星の話をし、いつか一緒に八ヶ岳に、という話をしていたそうだ。

だから、おうちでプラネタリウムを見よう、という誘いが、彼らを大きく奮い立たせることになる。年明け早々に、一家で星つむぎの村の村人になり、それから上映までの1ヶ月、自宅に9家族21人もの人を集めて同じ場所で見られるのか？　どうやったらそれが実現できるのか？　中には、医療的ケアが必要な子もいる。そんな慌《あわ》ただしい準備をしている中で、一樹くんの弟の湊《みなと》くんが重いけいれんを起こし、しばらく不安な日々が続くということまであった。幸い、湊くんは、1週間後には元気に退院することができ、おうちでプラネタリウムのための準備が再びはじまる。

星の名前を冠したスペシャルメニュー、星の家になったかのような飾りつけ、ウェルカムボード、さまざまなお土産……一大イベントだ。中には、「お友達のうちに行くなんて生まれてはじめて」という5歳のさおちゃんもいる。重症心身障害児（重心児）のいるおうちは、多くのものをあきらめ、わくわくと外にでかけていくという行為そのものがめったにできない。なので、めったにないわくわく感が、こちらにもどんどん伝わってくる。

そして、「絶対に失敗できない」というプレッシャーがのしかかる。対面のライブであ

プラネタリウムにむかう階段には、子ども達の写真や星飾りがいっぱい。（提供：藤田さん）

れば、多少の機器トラブルがあってもなんとかなる。けれども、フライングプラネタリウムでは、配信側の問題、ネットの問題、受信側の機器の問題、など、トラブルが起きるリスクははるかに高い。けれども、星空は私たちの味方となり、忘れがたい時間を生み出してくれた。

★光は闇から生まれる

後日、優子さんから星つむぎの村の仲間たちにあてた長く温かいメールの一部を紹介したい。星つむぎの村のプラネタリウムの意味を、すべて語ってくれているように思う。

★★★

私たちは、中止になることに慣れっこです。諦《あきら》めること、切り替えることも得意です。

しょうがないよね、また今度ね！　と言って、すぐに忘れることができます。

どうしてかというと、そんなことばっかりだからです。

旅行に行こうと予約したら一樹が入院してキャンセル、なんていうことは本当にいつものことだったし、ここなら遊べるかなと思って連れて行った先で一樹は入場を断られたり、入場はできたけど遊ばせてもらえなかったり。そのたびに、しょうがないね、帰ろうね、と言って何度唯《ゆい》に泣かれたことかわかりません。また今度来ようね、と唯をなだめながら、何度自分が泣きそうになったかわかりません。

期待なんかしたらがっかりするから、準備なんかしたらむなしくなるから、楽しみになんかしたら落ち込んじゃうかもしれないから……

だから、いつも、「できたらいいね」くらいでやめておくことが癖《くせ》になってしまいました。

できたらラッキー、できなくて当たり前。やっぱりね、できるかもしれないと思えただけで十分だよね、と。

でもそんな私たち家族が、星つむぎの村に出会って、どうしてもどうしても八ヶ岳に行ってみたくなって、「8日間かけて準備をした」んです。行けなかったときのことなんてまったく考えずに、とにかく、「行こう！」って。その準備がわくわくして楽しくて、わくわくしながら準備をしている自分たちが嬉しくて、そして、行って、無事帰ってこれたことが嬉しくて。

それはもう、どこへでも行けるしなんでもできるような気がしてしまうくらい、私たちにとって大きな大きな出来事でした。

★★★

先日の「フライングプラネタリウム」のために、我が家に集まったのは、昨秋に8週間のリハビリ入院を一緒に頑張った一樹の仲間たち。みんないわゆる「重心児」がいる家族です。薬や医療的ケアなど細かな管理が必要な重心児にとって、生活リズムが変わることは体調を崩すきっかけになりやすく、真冬の、しかも夜からのお出かけとなると、たとえ都内であってもそれはなかなか大変です。しかも、1月28日の天気予報は大雪。車イスの子たちにとっては移動のハードルがぐっと高くなります。

だから今回も、最初は心のどこかで、もし誰も来なくても仕方ないよな、最悪プロジェクターのある2箇所では見られるから大丈夫、と気持ちに保険をかけ続けている自分がいました。みんなも最初は、まぁ雨降ったら中止かな、くらいの気持ちだったかもしれません。

残念！　またね！　で、すぐに気持ちを切り替えて、何事もなく過ごせていたと思います。

だけど、とにかく真理子さんたちは、私たちが「みんなで集まって星を見るため」にたくさんの提案をして下さいました。何度も何度もメールをくださり、そのひとつひとつのメールから、私たちに何としても星を届けようとして下さる思いがまっすぐにじんじんと伝わってきました。

その思いはいつの間にか私の気持ちの保険を吹き飛ばして、なんとしてもみんなで集まって星を見るんだ！　というエネルギーになり、きっとそのエネルギーはまた、みんなのところにも波及して……その結果、なんと重心児7人を含めた総勢21人が、我が家に大集合したのでした。

その日ちょうどみんなが集まってきたころの東京は、雪こそ降りませんでしたが、土砂降りの雨でした。寒くて寒くて、家の中にいても一樹の手足が氷のように冷たくなるような、そんな天気でした。にもかかわらず、首の据《す》わらない13キロの男の子を抱っこ紐《ひも》で抱えて電車で1時間かけてやってきたお母さん、パパも仕事を休んで、往復介護タクシー予約して家族みんなでやってきたお友達、「楽しみにしてきたのー！」と言いながらずぶぬれで子どもを抱えてやってくるみんなを見て、しかも、一緒に星を見るために集まってくる、そんな目の前の光景に、本当に胸がいっぱいでした。

★★★

また話がそれるのですが……私たち夫婦は、プロジェクターを送っていただいてから、試し、練習などと称して何度も天井投影をしてみました。そのなかで、気づいたことがありました。

座って星を見たり、壁にもたれて星を見たり、寝っ転がって星を見たりいろんな姿勢で天井を見ましたが、寝っ転がって見る星は、格別なのです。

そのことに途中で気づき、何度も試してみましたが、何回やってもやっぱり寝っ転がって見る星はほかの姿勢で見るのと、全然違うのです。どうしてなんだろう、と考え続けていました。

それを考え続けているうちに、またもうひとつ、気づいたことがありました。

座って星を「見上げた」とき、壁にもたれて天井を「仰いだ」とき、あるいは望遠鏡を「覗《のぞ》き込んだ」とき、その動作の主体は、私です。

でも寝っ転がった瞬間に、私は天井いっぱいから「降りそそぐ」星たちに「包み込まれ」て……主体が星に代わるのです。背中をぜんぶ床につけたその瞬間に、私は主体を失い、完全に受け身になるのです。「寝たきり」の一樹も、「寝たきり」じゃない私も、みんな、そうなるのです。

背中を全部べったりつけて星に包まれるということに関しては、速く走れるかどうかとか、計算が得意かどうかとか、歩けるかどうかだって、もしかしたら目が見えるかどうかということすら、そういうことはみんな大きな意味を持たなくなって、悩み事や心配事、抱えていること背負い込んでるもの、そういうものからぜんぶ解放されて、ただただ、星に包み込まれるちっぽけなひとつの命になります。

星つむぎの村に初めて出会った日。たしかに成育のプラネタリウムで私は寝っ転がって一樹と星を見ました。あのときあとからあとからあふれた自分の涙の訳が、ようやく分かった気がしました。

★★★

投影は、やっぱり素敵でした。言葉にならないくらい、素敵でした。真理子さんがおひつじ座が出てきたところで一樹の名前を呼んでくださったとき、一樹は「あぃっ」と手を上げて返事をしました。自分に向けて語り掛けてもらっていることが分かったんだと思います。

一樹だけではありません。声を出したり、体にきゅっと力を入れたり、心臓がドキドキドキッとしたり、みんな自分に呼びかけられていることを体じゅうで感じているようでした。

みんな寝ころぶと境界がなくなる。
（提供：藤田さん）

金の毛皮で空を飛べる、ののちゃん、だいちゃん、いつき。

その内側に宝石箱みたいな光をもった、まゆちゃんとそうちゃん。

とってもなかよしのみすずちゃん。

おともだち思いのなつきちゃん。

いいことと悪いことを見分けられる、ゆいとみなと。

とっても明るくてみんなを笑顔にするまひろちゃん、さおりちゃん。

みんなのためにいのちの水を注いでくれている、ちせくん。

お母さんと離れないようにつながっているいちたろうくん。

お名前を呼ばれたこどもたち、そしてそのお母さんたち。みんなみんな、とっても誇らしげで嬉しそうでした。

私は、この子たちと人生を共に歩めることを、ただのちっぽけなひとつの命として、とても誇りに思いました。そしてそんな「ひとつのいのち」同士、こうやって一緒に星に包まれることができたことを、とてもとても幸せに思いました。

幸せには、「今日を大好きな人と過ごす幸せ」と「未来を夢見る幸せ」があるのだそうです。私たちは、1月28日という日を大好きな仲間と過ごし、一緒に星を見上げながら願いごとをしました。つまりこれが、「幸せ」そのものなんだなぁと思ったのでした。

★★★

フラプラ（フライングプラネタリウム）の後、夫が「髙橋さんの声と語りに包みこまれた」と言っていました。大きな両手で優しく包みこんでもらったみたいなイメージだった、と。

きっとあの日私たちは、真理子さんの語りの船に乗って、優しい声と音楽と、宙《そら》いっぱいの星たちにまぁるく包み込んでもらっていたんだなぁと思いました。たとえその背中をつけているのが固い床や病院のベッドだとしても、それよりももっと深いところから、真理子さんの語りが優しく包み込んでくれているんだなぁと、思いました。だから、天井の向こうに、宙がみえるんだなぁと、そう、思いました。

★★★

長すぎますが、もうひとつだけ。今回集まった中の、さおちゃんという女の子のことを書かせてください。

さおちゃんには呼吸器、気管切開、吸引、胃ろう、触れることもできないほどの乳アレルギー、と医療的ケアがたくさん必要です。5歳なので体も大きくて拘縮《こうしゅく》も強い、重心児のなかでもいわゆる最重度と呼ばれる部類の子です。そんなさおちゃんを招待することは、私にとって最初ちょっとハードルが高いような気がしました。変な気遣いというか遠慮《えんりょ》というか、いろいろ気にして躊躇《ちゅうちょ》してしまう自分になんども軌道修正をする必要があり、ほかのみんなより声をかけるのが遅くなってしまいました。つい「無理しないでね」と言いそうになっては、いやいや違う、無理をしないとさおちゃんは来られないんだよな、と思い直したり、つい、さおちゃんは難しいかな？　と思いそうになっては、いやいや違う、何より私がまず伝えたい言葉は、「ようこそ！」だったはずだよね？　その次に考えるのは、さおちゃんは「来れるのかどうか？」ではなく、「どうやったらさおちゃんも一緒に星が見られるか」だよね？　みんなで星を見たいんだよね。と、思い直したり。

何度も何度も「ちがうちがう」と頭をリセットしながら、さおちゃんのお母さんと相談し、さおちゃんの過ごしやすい環境を作って、さおちゃんのお父さんは仕事を休んで、みんなでずぶぬれでさおちゃんを車から家まで運び……そうやって無事我が家のリビングにごろんと転がったさおちゃんは、でっかい星がいっぱいついた素敵なセーターを着てきてくれていました。楽しみにしてきてくれたんだなぁと思ったら、嬉しくてうれしくてたまりませんでした。

さおちゃんの目は見えているのかどうなのか、私にはわかりません。でも、さおちゃんのお母さんにメールをした時の（返信の）最初のことばは「さおりにみせたい！」でした。だから、私もなんとしてもさおちゃんと一緒に星を見たいと思いました。

真理子さんの語りや、さおりちゃん見てるかなぁ？　という呼びかけに、きっとさおちゃんは体中で満天の星を感じてたんじゃないかなぁと思っています。

なんどもなんども自分の頭を軌道修正するたびに、心に浮かぶのは、「すべての人に星空を」という言葉でした。たった一度ですが、それでも「迎える側」になってみて、すぐに「すべての人」に条件を付けようとしたり、あの人には難しいかな、と勝手に線を引こうとしたりしてしまう自分がいました。迎えてもらえない切なさは誰より知っているはずなのに、それでもそうなってしまうんです。

だからこそ、やっぱり、ほんとうに「すべての人」に星空を届けようとする「星つむぎの村」の活動が、私たち家族のようなたくさんの人たちの背中を押して、生きる力になる

手づくりのウェルカムボード。みんなが自分の好きなところに星をおき、それを結んだ。

んだなぁとあらためて感じずにはいられませんでした。

さおちゃんのお母さんは、家に帰ったあとすぐにメールをくれました。次の日もその次の日も、メールをくれました。

「みんなと星見れて幸せでした。みんなと一緒って幸せですね。」

「昨日みたいに子どもを連れておともだちの家に遊びに行くのって、本当に初めてで。いい1日だったなぁって。」

「あたたかくなったらお花見とかピクニックもしたいです。」

「あおぞら共和国、行きたいです。行きましょう。実現できるように計画立てましょう。」

5歳にして生まれて初めてお友達の家に遊びに行ったというさおちゃんとその家族が、みるみる世界を広げている姿に、どうしても星を見たくて八ヶ岳に行った自分たちの姿が重なり、嬉しくてうれしくてたまりませんでした。

天井を見ている子を撮った写真にたまたま映り込んだのは、さおちゃんにチューをしているお父さん。お父さん、きっとこのプラネタリウムの時間がものすごく幸せな時間だったんだろうな、と、みんな幸せな気持ちになりました。

★★★

「光は、暗闇から生まれる。」真理子さんの語る、（私の）大好きなフレーズです。

今、暗闇の中にいるからこそ、いつか生まれる光がみんなを照らす力になるのだと思います。自分も、そうでありたいと強く強く、思いました。星を介して人が集い、つながり、それがまた誰かの背中を押し、そうやって支えあい巡り合う私たちを、いつも星が包み込んでくれる、そういうことをからだと心全部で感じるひとときを、全力で届けてくださった真理子さん、跡部さんはじめ、星つむぎの村の皆さんには、言い尽くせない感謝の気持ちでいっぱいです。

そして、こうして自分たちもあたたかいつながりの中に迎え入れていただいたこと、とても嬉しく思っています。私たち家族にできること、模索していきたいと思います。

12 星との対話

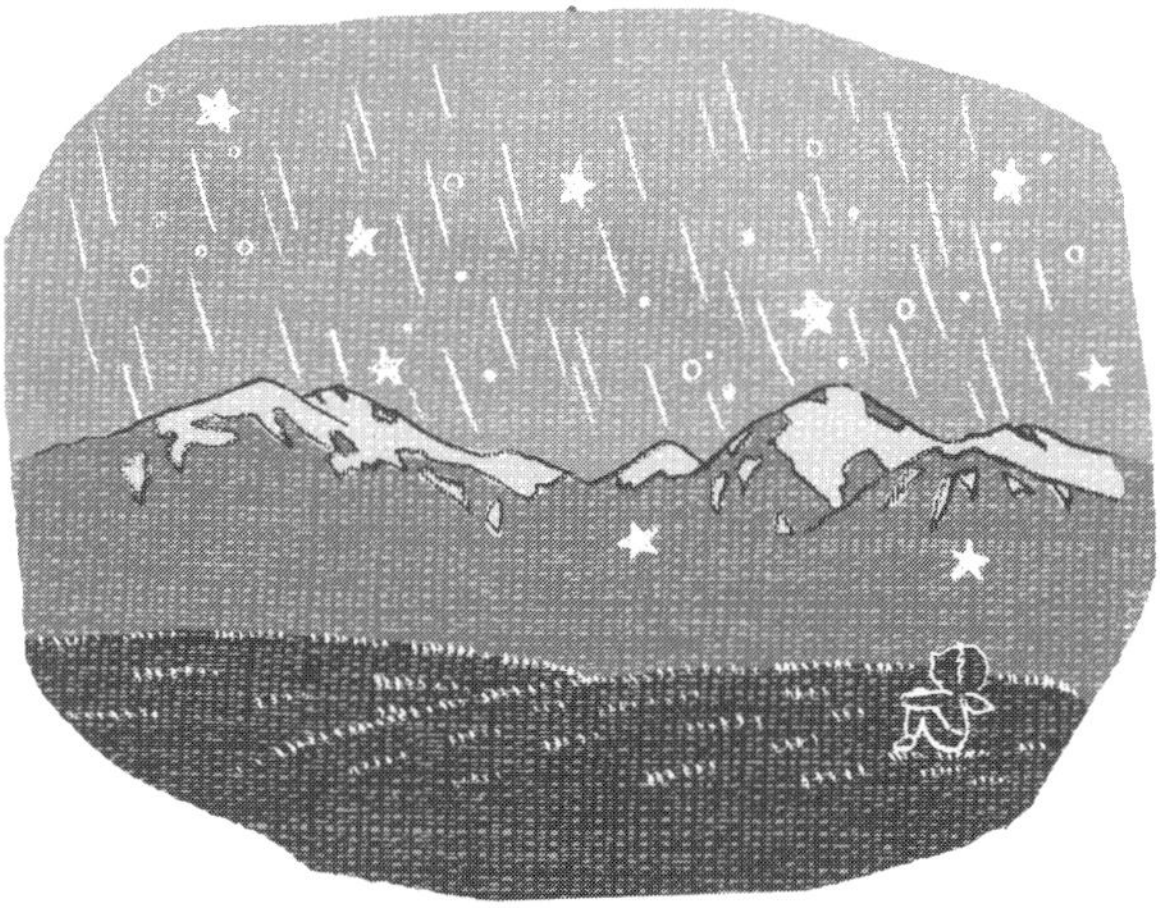

★死は始まり

生命体は、いつか必ず「死」を体験する。それは逃れようがない事実だ。どのように「死」を捉え、向き合っていくのか、それはいずれ、「どう生きるか」という問いに還ってゆく。わかりやすく言えば、もし、明日、あるいは1週間後、あるいは半年後……自分や大切な人のいのちが終わるとしたら、何をしたい？　といつも自分に問いかけていることは、今を自分らしく大事に生きるためのヒントを与える。

「生きているその間、なるたけ多くの『終わり』に触れておく。そのことが、人生の生を、いっそう引き締め、切実に整える」※1という、作家のいしいしんじさんの言葉には、深く共感する。とはいえ、大切な存在の死は、どこまでも深い喪失感と哀しみをもたらすこともまた事実だ。

医療保育士で村人でもある黒井《くろい》良子《よしこ》さん（ペコちゃん）は、子ども病院勤務の間、子どもたちが空に旅立っていく現場をいくつも体験している。そんな彼女が、２０１６年はじめて私たちのプラネタリウムに出会ったのは、「心魂《こころだま》プロジェクト」という、難病の子どもたちとその家族にパフォーマンスを届けている団体とのコラボイベントだった。ふだんのプラネタリウムではここまでは話をしないのだが、そのときは、太極拳とのコラボで、「陰と陽」という話の流れで、私はこんなことを語っていた。

「38億年前、地球上に生まれた最初の生命にはまだ、死というプログラムは組み込まれていませんでした。同じものを増殖するだけで、安定していたのです。けれども、そこに進化はありませんでした。同じものが続くだけ。そして15億年前、真核生物の誕生とともに、オスとメスという性ができたことで、環境に適応できる子孫を残すということが可能になったのです。そして、古い個体は消えたほうが、より効率的な進化ができることを知り、それではじめて、死が、生命の中にプログラムされました。

生命は死という手段を選んだことで、さらに新しいものを生み出すことに成功したのです。これは、宇宙における、星のありようと、同じです。星はその誕生と死を繰り返しています。星が生まれるとき、宇宙の中で、もっとも暗くてもっとも冷たい場所、暗黒星雲で生まれます。冷たいガスが集まって十分な重さをもつと、そこで光がはじまる。

光は闇の中から生まれるのです。

星は、その内部で、水素からヘリウムへ、そして酸素や炭素、鉄へ、という核融合反応を起こし、いずれは燃料である水素が尽き、やがて死を迎えます。とても大きくて重い星が死ぬとき、超新星爆発という大爆発が起きます。この現象は、私たちにとってかけがえのない現象。宇宙の始まりには水素やヘリウムという軽い元素しかなかったのが、この大爆発によって、星の内部にあった元素のみならず、あらたに重い元素も生まれ、宇宙空間にばらまかれたのです。死はあらたなものを生み出すエネルギー。終わりは始まりなのです。星の死も、地球上のあらゆる生命たちも、今、私たちがここにいることにつながっています。」

その日のことを振り返ったペコちゃんの想いを紹介したい。

「２０１６年４月29日、心魂プロジェクトとプラネタリウムのコラボレーションイベント。私はその当時、こども病院で10年目の医療保育士をしていた。私の隣にいたのは大好きなSちゃんだ。Sちゃんは21歳になったばかりだった。

Sちゃんが11歳の秋、こども病院に入院してきて出会った。余命宣告されるくらい重たい病気だった。長期入院中の夏、私が思わず聞いてしまった事がある。『ねぇ、12歳なんて世の中にいっぱいいるのに何でSちゃんが病気になっちゃったんだろう』。そしたら間《かん》髪《はつ》入れずSちゃんは言った。『黒井さんそれはね、誰が病気になっても同じ事を思うから考えなくていいの』。Sちゃんはそう答えてくれた。

医療保育士になりたての私はすごく納得がいった。だって本人が『考えなくていい』、そういってる。私は「いつか」やりたいと夢を語るのではなく、今日とか明日とかそうい

心魂プロジェクトとのコラボイベントのひとこま。

う単位で入院生活を楽しめる事を一緒に考えればいいんだと思えるようになった。

でもどうしても納得ができないのが、子どもたちが先に星になってしまうことだった。『お星様になる』同じ病棟で友だちが亡くなるとそんな風に子どもたちは言っていた。大人は『おうちに帰ったのよ』そう言っていた。

病棟で最期を迎えるとお見送りをして、その後すぐに消毒が入る。窓のカーテンやベッド、ありとあらゆるものが消毒され、まるでなかったことのような無機質な状態にして、次の重篤《じゅうとく》なお子様がその部屋を使う。『死んだら終わり、関わりたくてもいなくなっちゃうんだから、だから今を大切にしなくちゃ！』そう思うようになっていた。でも、子どもたちが亡くなるたび、何故私が生きてあの子が先に旅立つのだろう。生かされている命は何のためにあるのだろう、と苦しくなった。『死は必ずくる』と分かっていていつも打ちのめされていた。

２０１６年、21歳になった彼女は再発を繰り返し積極的な治療を望まなかった。それならば、今できること、やりたいことを叶えたいと思い、彼女とお母さんを誘って、イベントに参加した。私はその時、『ああ……。Sちゃんは自分に起こるこれからの事を覚悟しているんだ。』宇宙をまっすぐ見つめる横顔を見て、そう思った。悲しみも苦しみもなくて、すべて受け入れているようにさえ見えた。

『生命は死という手段を選んだことで、さらに新しいものを生み出すことに成功したのです』。あの時、真理子さんの言葉を聞いた衝撃は、多分一生忘れない。死んだらおしまいじゃないの？　死の先に意味があるなんて!!　星の一生と人間の一生を重ねることが出来るなんてそれまで思ってもみなかった。死と生、終わりと始まりがつながってた!!

……Sちゃんは、その1ヶ月後に輝く星になった。Sちゃんは星の存在を心に刻んで星になることが出来た。そして、残された私はそれが慰めになっている。いまだに寂しい、そして悲しいけれど、みんな星に愛されてこの世に生まれてきたんだと思い、人生を歩んでいる。

星の存在は、『どんなあなたでもそこにいてくれるだけでいい』そう伝えてくれているように思い、今日もまた星を見上げている。」

こんな経験を経て、ペコちゃんは村人になった。そして、彼女には、星つむぎの村のプラネタリウムを見せたいと思う相手が、たくさんいる。その想いが募り、周囲を巻き込み、2019年6月、「横浜みんなでプラネタリウム」を開催することができた。2日間で生み出されたドラマはとても描ききれないが、一人ひとりがかけがえのない魂と対話する時間になったことは、いただいた感想のはしばしから、感じることができた。

★星の声を聴く

2019年10月、星つむぎの村の村人に申請してくださった方がいた。古賀和子《こがかずこ》さん。彼女は、その3年前の8月に、高校3年生の息子さんである駿介《しゅんすけ》くんを事故で亡くされた人だ。しかも、駿介くんの命日《めいにち》は、星野道夫さんが亡くなってちょうど20年たった日。一番最初のメールでそのことを知り、これも、ただならぬ深い縁《えにし》があることを感じた。

駿介くんは、高校2年生の夏に、神奈川の自宅から青森まで徒歩で単独旅行をするという、ずば抜けて自立心の強い人だった。そして、「人生の生きる意味」という研究論文を書くほど、自分自身の中の思索《しさく》ができる人でもあった。駿介くんのことを聞けばきくほど、星野道夫さんと面影《おもかげ》を重ねてしまう。何故、天は、こんなにも素晴らしい人から先に呼んでしまうのか、という悔しさまでも。

和子さんは、病院で子どもたちに読み聞かせをするボランティアを始め、その訪問先の病院においてあった冊子で、私たちの活動を知る。導かれた、と和子さんが思う瞬間でもあった。


「3年前の2016年8月8日　18歳の息子が空に還っていきました。今年に入って、病院の読み聞かせのボランティアをはじめ、病院で手に取った冊子で『星つむぎの村』のみなさんの素晴らしい活動を知り、是非お仲間に入れていただけたらと申請しました。

この3年、どれほど空を見上げてきたことでしょうか。

言葉にならない想いで星を見つめる私を、
星々は黙って抱きしめてくれました。

いつも私の心に寄り添ってくれました。

何も答えてくれないけれど、孤独を救ってくれました。

息子の心にも会えるような気がしています。

そして、空の下、どこかで私と同じように、今、星を眺《なが》めている人がいるんだなぁということも感じました。

星と人が繋《つな》がり、星を見上げることを通して、人と人が繋がっていく。

その大切なひとときを届け、寄り添うお手伝いができたら嬉しいです。」

そんな和子さんが、はじめてプラネタリウムの手伝いにきて、私たちのプラネタリウムをはじめて見たときのことだ。彼女はものすごく我慢《がまん》していたけれど、ペコちゃんに肩を抱いてもらったら堰《せき》を切ったように泣き出した。宇宙から地球に還っていくシーンに、「これが駿介が見ている風景なのだ」と感じた、と彼女は言う。

その後、和子さんとともに、八ヶ岳の星空を体験する機会があった。新月の晴れ渡った空に、満天の星空が広がる。その日のことを、こんなふうに彼女は書き綴《つづ》った。

「星と繋《つな》がって」

（わぁ………）

吸い込まれるような満天の星々を前に思わず息がこぼれる。漆黒《しっこく》の夜空に私の白い息が消えてゆく。一本の光のものさしが私の背中にスーッと降りてきたように体が凛《りん》とする。

「星つむぎの村」が企画した星空観測会に参加し、19時の観測が終わった後、「とっておきの場所で、もう一度星を見ませんか?」とメンバーに誘われて六人で出かけて行った。

最初は興奮しながらわいわいと盛り上がっていたけれど、しばらくするとそれぞれ少し距離を置いた場所に立ち、やがて各々《おのおの》、星と自分の世界に入っていった。

11月末、23時の八ヶ岳の気温はマイナス1度。かじかんだ指を手袋の上からこすり合わせ、口元に寄せて「ハァ」と息を吹きかけながら星との言葉なき対話を続ける。

（――辿《たど》り着いた――）

それは、しんしんと光る星との時の中で、ぽっかりと心の内側から湧き上がってきた想いだった。夜明けの海が太陽の光に照らされていくような静かな喜びが私を包んでいく。

三年前の息子の事故から始まった長い旅。息子の死を受け入れられず、苦しみ、嘆き、悲しみ、彷徨《さまよ》いながら、それとはまた正反対に「息子のいのち」の輝きを何度も何度も確かめる時間の旅でもあった。

「生」とは
「死」とは
「いのちとは」

「使命とは」

答えが出ないのに、考えずにはいられない。一人になるといつも空を見上げ、問い続ける。日常とのバランスを取りながら、そして寄り添ってくれる温かい人の心に触れながらも、一方では、いつもどこかで社会から遮断《しやだん》されてしまったような孤独が自分の中にあった。

本を読んだり、人に話を聞いたり、講座に出たり、旅をしたり、音楽を聴いたり。そんな日々を繰り返しながら、導かれるようにして八ヶ岳の星に出会った。

見上げればそこに星がある。どんなに私が絶望しても、見捨てない光がある。気の遠くなるほど長い年月を経《へ》て届いた光を、祈るような気持で眺《なが》めていると、私が私ではなくなっていった。いつのまにか、私が自然と一体化し、体が透き通って、ただひとつの光となって宇宙の一部となっていた。時空を超えて繋がっているいのちは、目に見えないけれど、確かに存在しているのだと強く感じた。

帰宅して、思い出したのは、一年半前の夏に見上げた八甲田《はっこうだ》の夜空。毎年、息子の命日の近くに、「息子が生前、徒歩で青森まで旅をした道を辿る旅」をしている。二年目は青森、秋田への旅で、八甲田山の近くにある八甲田リゾートホテルにも泊まった。息子の歩いた道を辿ってホテルに着いたのは、夜六時を回ってしまった。夕食を予約していなくてホテルの支配人にレストランでの夕食がとれるか聞いてみると、予約した人の夕食分しか用意しておらず、シェフもすでに帰ってしまったということだった。

「申し訳ありませんが、ここから2キロくらい先にコンビニがありますので、そこで何か買ってきていただくしか方法がありません」とすまなそうに教えてくれた。離合（車のすれ違い）がやっとの細い道を通り、コンビニで夕食を購入しホテルの駐車場に着いて車から出ると、空には零《こぼ》れ落ちてきそうな無数の星。

「凄《すご》いね！　行く時は、星が見えなかったのに。きっと、駿介は、この星を見せたかったのかな？　旅の途中で自分が毎晩寝袋から見上げた夜空の星を、私たちにも同じ場所で見てほしかったんじゃない？」

自分で言いながら胸がいっぱいになってしまったことを覚えている。あの日の空気感も風も空の色も、生涯《しょうがい》忘れられない「思い出の星空」だ。

（そうそう、旅行から半年経った春彼岸《ひがん》の頃、八甲田リゾートホテルの支配人からお手紙をいただいたんだっけ）と思い出し、ごそごそと手紙を引っ張り出して改めてゆっくり文字をたどる。

黄色い封筒に入った淡いクリーム色の便せんに丁寧に書かれた文字が並ぶ。

「…前略…本日、ゲレンデでは、スキーの大会がありました。思いがけぬパウダースノーに選手たちは難儀していたようです。…中略…思い出を辿る旅にはさまざまにこみあげるものがあったかと。忘れないという供養があるといわれます。……

…中略…明日も予報は雪ですが、空にはつかみとれそうに星が瞬《またた》いております。星を見て古賀様のお便りを思い出し、ついしたためました。どうぞお元気にお暮しください。」

星つむぎの村の拠点がある八ヶ岳南麓には、満天の星空が広がる。

星を見上げて想いを重ねてくれる人がいる。今夜もきっと誰かが星を見上げているだろう。星は人を繋げ、想いを重ね、誰かの気持ちを掬《すく》い取り、何も言わずに輝き続ける。

「辿り着いた」と思ったその先にもまだ旅は続く。悩み、彷徨い、行ったり来たりを繰り返すと思う。そのたびに私は、何度も何度も星を見上げるだろう。

(久しぶりに支配人にお手紙を書こう。とっておきの星の切手を貼って)

南の空に輝いているオリオン座を見上げながら、支配人のこと、息子のこと、いまどこかで空を見上げている人のことを考えている。

和子さんもまた、絶望的な哀しみを抱きしめながらも、星の物語を描くことで、自身の中に腑《ふ》に落としていく作業をしている。そして、どこまでも穏やかで優しいその語り口で、入院している子どもたちに語りかける。「病院がプラネタリウム」でやれることは、病院でのプラネタリウムの解説だけでは決してない。星という遥かなものに同じ視線を投げかけながら、この地上におけるさまざまな苦しみや哀しみを享受できる心を、ともに広げていく……そんな行いなのかもしれない。

※1　いしいしんじ『且坐喫茶』淡交社、2015。

エピローグ

星つむぎの村は…
星をキーワードに、
人々が集うコミュニティです。
私達のミッション
星を介して人と人をつなぎ、
ともに幸せをつくろう

２０２０年、世界は１００年ぶりの感染症の猛威《もうい》に見舞われ、たったの1ヶ月ほどで世界はすっかり変わってしまった。新型コロナウィルスの蔓延《まんえん》である。私たちの活動は、2月27日の国立甲府病院で1回だけとなった天井投影を最後に、3月以降、すべての出張プラネタリウムができなくなってしまった。6月現在、「新たな生活様式」が掲げられ、少し落ち着きを取り戻しているようにみえるが、少なくとも、私たちが病院へ直接訪問できる日は、まだまだ先になるだろう。

目に見えないウィルスに対する人の恐怖は、無意識のうちに誰かを責めたり、排除したりする行動を起こさせる。そのことが、また人々のストレスを増大させる。こういったとき、しわ寄せがいくのが、子どもたちや障害や病気を抱える人たちであることがつらい。

こんなときだからこそ、「宙《そら》を見上げてほしい」と、私たちは、「フライングプラネタリウム」他、動画配信やオンライン会議、メディアを通じた活動を続けている。小児病棟では、親の面会も活動もかなり制限されている中で、スタッフの方々が一生懸命、「フライングプラネタリウム」を受け入れてくださっている。休校中の子どもたちや、外に出られない療育中の子どもたちと、「星の寺子屋」も開いている。いつも離れた場所にいる「村人」たちも、オンライン会議を通じて、ワークショップの開発をしたり、「星を見上げるということ」という問いに対する、それぞれの考えを一言フリップで見せる動画をつくったりした。星つむぎの村の顧問でもある、詩人・作詞家の覚《かく》和歌子《わかこ》さんと作曲家・鍵盤楽器奏者の丸尾《まるお》めぐみさんの詩のリーディングライブや、ミュージシャンとのコラボレーションライブも定期的に配信している。

　この状況になって多くの人たちが気づいたであろうことの一つは、自分たちの心は、「不要不急」と言われてしまうものによってこそ支えられているということである。人と会うこと、触れ合うこと、音楽をはじめとするさまざまな文化に触れること、自然の風景に出会うこと……そうしたことなしに、人は生きているとは言えないのではないだろうか？　そう思ったとき、どんな障害や病気があろうと、文化や芸術を享受することは、一人ひとりの権利である、ということに社会が気づく機会でもあったのだ。

　私たちは、4月半ばに、「病院がプラネタリウム研修」を企画し、初の関西での開催を考えていた。なんとか実施しようと画策していたが、1ヶ月前に、オンラインに切り替えることを決めた。当初やりたいと思っていたことのすべてではできなかったが、逆に、遠方で参加をあきらめていた人も集う機会となった。

　講師は、鳥海直美《とりうみなおみ》さん。「病院がプラネタリウム」のきっかけを与えてくれ、そして、

「共に生きる地域社会」のための実践をし続けてきた彼女と、多くの村人が出逢えた忘れられない研修会となった。

彼女の講演は、障害や病気の人たちが置かれている立場や制度、社会において、「病院がプラネタリウム」とはいったいどんな位置づけができるのだろうか？　という問いに答えようとしてくれるものだった。

やまゆり園の再建にあたって、日本の障害者運動をけん引してきた尾上浩二さんが新聞に寄せた言葉「（障害者に）選択肢を実際に示し、その人がどの環境に身を置いたとき、一番いい表情をするかを見極めることこそが、本来の意味で『聞く』ということです。」※1が紹介され、私たちがプラネタリウムを行うとき、重い障害を持つ人たちのそばにいて、何を受け取っていけばよいのか、ということに、議論が及んだ。

プラネタリウムを見ている人の表情を「勝手に」読み解き、「喜んでいる」という言葉に代えてしまうのは、おこがましいのではないか？　そもそも、その人の背景を知らない第三者がそのようなことをしてしまってよいのか？　という、ボランティアで関わるメンバーからの疑問に、鳥海さんは、表情を読み解く側が一人ではなくそのことも仲間と共有することの大切さ、そして第三者が関わることの意義についても、易《やさ》しく解説してくれる。

互いを理解する、というのはどんなことなのか？　言葉があるが故に理解が阻《はば》まれることもある。そもそも、互いを理解するなんていうことは無理という土台にたったほうがいいのではないだろうか？　など、とめどなく続いた村人たちの意見交換は、つまるところ、私たちがこの活動の中で一番課題にしている「寄り添うとは何か？」ということを共に考える時間になっていったのである。

鳥海さんは、最後に、いしいしんじ氏の小説『プラネタリウムのふたご』※2の言葉を一部紹介しながら、「病院がプラネタリウム」をこう表現してくれた。

「病院の天井に映し出されるにせものの星に、こころがとらえられてしまうのは、
　あなたがほんとうにそこにいて　わたしに語りかけてくれるから
　わたしがからだで表現する思いを　あなたが聴いてくれるから」

誰にとっても平等にある星空の下に、私たちは、「ただそこにある」ことにどれだけ、畏敬《いけい》の念を持っていられるのか。それを感じ抜いて生きていくことができるか。そんなことをそっと問いかけられるプラネタリウムを続けていきたい。確実に手をつないでいく仲間とともに、そして、地上に姿は見えなくとも、星として見守ってくれている仲間とともに。

最後に、本書に登場してくださった皆様はじめ、これまで「病院がプラネタリウム」を呼んでくださった皆様やご覧下さった皆様、紹介しきれなかった星つむぎの村のメンバー

たち、この活動を支援してくださっている大変多くの皆様、UNIVIEWを提供して下さっている株式会社オリハルコンテクノロジーズの高弊俊之《たかへいとしゆき》さん、共に仕事をして下さる皆様、心を支えてくれる友達や家族、企画をいち早く通してくださった編集者の柿沼さんに、心からの感謝を申し上げます。

※1　尾上浩二「『やまゆり園』再生―入所者の意向確認を」神奈川新聞、2017年1月6日。
※2　いしいしんじ『プラネタリウムのふたご』講談社、2003。

上記QRコードから、「YBSふるさとスペシャル宙先案内人～星と人をつなぐ出張プラネタリウム～」を視聴できます（2021年9月14日まで、期間限定）。

高橋真理子（たかはし　まりこ）

1970 年、埼玉県出身、山梨県在住。宙先《そらさき》案内人。北海道大学理学部、名古屋大学大学院で、オーロラ研究を行う。97 年から山梨県立科学館天文担当として、プラネタリウム番組制作、解説、全国に広がった「星つむぎの歌」の企画、市民グループ「星の語り部」活動など、人びとが主体的に参加できる活動を展開。2013 年宙先案内人として“独立”、出張プラネタリウムや宇宙と音楽を融合させた公演などをスタート。2017 年からは「病院がプラネタリウム」他さまざまな活動を、一般社団法人星つむぎの村として行っている。現在、星つむぎの村共同代表、山梨県立大学非常勤講師。2008 年人間力大賞・文部科学大臣奨励賞、13 年日本博物館協会活動奨励賞、19 年第 42 回巌谷小波文芸賞・特別賞など受賞。著書に『人はなぜ星を見上げるのか――星と人をつなぐ仕事』（新日本出版社）、『星空を届けたい 出張プラネタリウム、はじめました！』（ほるぷ出版）、共訳書に『星空散歩ができる本』（恒星社厚生閣）など。活動を紹介したテレビ番組「日本のチカラ　出張！プラネタリウム～星と人をつなぐ宙先案内人」（山梨放送）が、2018 年第 60 回科学技術映像祭　教育・教養部門優秀賞と日本のチカラ番組奨励賞を、「YBS ふるさとスペシャル　宙先案内人～星と人をつなぐ出張プラネタリウム～」（山梨放送）が 2019 年日本民間放送連盟賞・青少年の部優秀賞を受賞。

すべての人《ひと》に星空《ほしぞら》を――「病院《びょういん》がプラネタリウム」の風景《ふうけい》

2020 年 9 月 15 日　初　版

著　者　高 橋 真 理 子
発行者　田 所　稔

郵便番号　151-0051　東京都渋谷区千駄ヶ谷 4-25-6
発行所　株式会社　新日本出版社
電話　03（3423）8402（営業）
03（3423）9323（編集）
info@shinnihon-net.co.jp
www.shinnihon-net.co.jp
振替番号　00130-0-13681

印刷　亨有堂印刷所　　製本　小泉製本

落丁・乱丁がありましたらおとりかえいたします。

JASRAC 出 2006839-001
ISBN978-4-406-06502-3 C0036　Printed in Japan